本书编写组名单

组　长：杜　平

副组长：于施洋　王建冬

成　员：郑　洁　韩　旭　李　烜　童楠楠　张　宁

　　　　陈　杰　丘金龙　杨光济　于　璐　郭红艳

信息化与政府管理创新丛书

总主编／杜平　执行主编／于施洋

领导干部
互联网知识读本

杜平　于施洋　王建冬　等／编著

HANDBOOK OF
INTERNET KNOWLEDGE FOR
GOVERNMENT STAFF

社会科学文献出版社
SOCIAL SCIENCES ACADEMIC PRESS (CHINA)

信息化与政府管理创新丛书
总　　序

　　信息化是当今世界发展的大趋势，是推动经济社会变革的重要力量。进入 21 世纪以来，全球信息化进程明显加速，信息化已进入与经济社会各领域广泛渗透、深入融合的发展阶段。特别是 2008 年金融危机之后，为寻求新的经济增长点，缓解能源与生态压力，提高人类生活水平，各主要经济体都把解决问题的思路集中到信息化领域，云计算、物联网、移动互联网、大数据、智慧城市等新的技术变革与应用浪潮风起云涌，其对经济和社会发展的影响正在不断凸显。我们也必须加快步伐，紧随时代潮流，大力推进信息化与经济社会各领域的深度融合，充分利用信息技术提升我们的治国理政能力。

　　加快政府信息化建设、大力推行电子政务是党中央、国务院根据世界科技发展趋势和我国发展需要做出的重大战略决策。2002 年，中央办公厅和国务院办公厅联合转发了《国家信息化领导小组关于我国电子政务建设指导意见》（中办发〔2002〕17 号），决定把电子政务建设作为信息化工作的重点，通过"政府先行"带动国民经济和社会发展信息化，掀开了我国全面、快速发展电子政务的帷幕。实践证明，党中央、国务院的战略决策是高瞻远瞩的。十年来，在党中央、国务院的正确领导下，在各部门和地方的共同努力下，我国电子政务建设稳步推进，网络基础设施、业务应用系统、政务信息资源、政府网站、信息安全保障、法规制度标准、管理体制与人才队伍等领域都取得了较大进展，有效提升了政府的经济调节、市场监管、社会管理和公共服务能力，成为提升党的执政能力、深化行政体制改革和建设服务型政府不可或缺的有效手段。

　　当前和今后一段时期，是我国全面建成小康社会的关键时期，是深化改革开放、加快转变经济发展方式的攻坚时期，也是我国政府信息化深入发展的重要阶段。《国民经济和社会发展第十二个五年规划纲要》明确提出了全面提高信息化水平的要求。党的十八大报告首次将"信息化水平大幅提升"明确为我国全面建成小康社会的目标之一，做出了"坚持走中国特色新型工业化、信息化、城镇化、农业现代化道路，促进工业化、信息化、城镇化、农业现代化同步发展"的重要部署，这充分说明，在我国进入全面建成小康社会的决定性阶段，党中央对信息化高度重视。我们有理由相信，作为国家信息化工作重要组成部分的电子政务也将迎来新的发展契机。

当前，随着经济发展方式转变和政府行政体制改革的不断深化，社会管理方式创新、网络条件下的公民参与和监督对政府管理提出了新的更高要求。面对新时期的新任务，党政机关各部门对利用信息化手段转变政府职能，提升政府服务和管理效能，推动社会管理和公共服务创新的需求更为迫切。为促进信息化与政府管理创新的深度融合，传播和共享政府信息化建设的最新理念、模式与方法，由国家信息中心常务副主任杜平同志牵头，组织国家信息中心网络政府研究中心、中国信息协会电子政务专委会研究人员计划在未来几年内，以"信息化与政府管理创新"为主题，围绕电子政务战略规划、电子政务顶层设计、电子政务绩效管理、政府网站建设、互联网治理、政府信息技术应用等领域，出版系列著作。丛书的作者们长期耕耘于信息化和公共管理理论研究和实践工作的第一线，对信息化和政府管理有较为深入的理解和研究，丛书是他们辛勤劳动的结晶。相信丛书的出版，对于深化各地各部门信息化应用、推进政府管理和服务创新，具有很好的参考价值。

汪玉凯

2013 年 9 月

目录
CONTENTS

第1章

互联网时代已经到来

1.1 国际互联网的起源 / 002

1.2 中国互联网的发展 / 005

1.3 互联网时代的意义 / 009

第2章

领导干部该了解的互联网新应用

2.1 什么是互联网？ / 012

2.2 迷人的互联网应用 / 013

2.3 互联网应用的未来 / 028

第3章

政务门户——塑造互联网上政府新形象

3.1 电子政务——政务门户的服务对象 / 050

3.2 政府网站——电子政务的服务载体 / 051

3.3 智慧政务门户——政府网站发展
进入大数据时代 / 051

第4章

网络问政——互联网时代的民主趋向

4.1 网络问政面面观 / 066

4.2 网络问政重要形式——政务微博 / 073

4.3 政务微博危机管理 / 083

第5章

网络舆情——互联网治理能力现代化

5.1 舆情应对新挑战 / 092

5.2 舆情应对新态度 / 092

5.3 舆情应对新发展 / 093

5.4 舆情应对新思路 / 094

网络决策——大数据让决策"飞起来"

第6章

6.1 决策的基础保障——用户需求识别与分析 / 105

6.2 决策的支持引导——实时数据监测与预警 / 118

第7章

网络营销——互联网企业的生存之道

7.1 网络营销——互联网的金矿 / 126

7.2 网络营销方式——掘金工具 / 128

7.3 网络营销的未来之路 / 144

7.4 网络营销思维及创新 / 145

网络社区——互联网时代的社会形态

第8章

8.1 网络社区随时聊 / 156

8.2 网络社区新文化 / 163

8.3 网络社区新治理 / 177

▼ 第9章

网络安全——硝烟弥漫的互联网战场

9.1 网络安全的基本概念 / 182

9.2 网络安全的大国博弈 / 186

9.3 网络安全是国家安全的战略组成部分 / 188

9.4 美国网络安全战略对我国的启示 / 191

网络语言——互联网时代的话语体系

10.1 光怪陆离的互联网语言 / 210

10.2 互联网语言的特点 / 210

10.3 2013 年度十大网络用语 / 211

10.4 网络语言走进政府部门 / 215

▼ 第10章

▼ 第11章

互联网管理体制

11.1 互联网管理的基本模式 / 220

11.2 各国的互联网管理体制 / 221

11.3 中央网络安全和信息化领导小组 / 223

国内外互联网巨头

12.1 国内互联网巨头 / 230

12.2 国际互联网巨头 / 238

▼ 第12章

后 记 / 249

附：中央领导人关于互联网的最近讲话 / 251

第 1 章
互联网时代已经到来

1.1 国际互联网的起源

1.2 中国互联网的发展

1.3 互联网时代的意义

21世纪以来，随着社会生产力进步和信息技术的飞速发展，人类迎来了历史上竞争最为激烈的时代——互联网时代。那么，互联网究竟是什么呢？当前，应当如何去面对、怎样去应用互联网成为大家非常关注的论题。本章将从国内外互联网的发展历史以及互联网时代的变化等角度来阐述这点，为各位政府工作人员提供参考。

1.1　国际互联网的起源

互联网是国际互联网的简称，它的英文原文是 internet，也有人译成"因特网"。它最早发轫于美国国防部研制的 APRAnet，直到后来其中分出的 Internet 商业化，互联网才真正开始腾飞。

世界上第一封邮件何时发出，由谁发出？互联网广告第一次出现在

图 1-1　雷·汤姆林森向自己发送了世界上第一封电子邮件

网页上是什么时候？第一张上传到互联网的图片长什么样？接下来就让我们与互联网史上著名的"第一次"来一次亲密的接触。

1.1.1 第一封电子邮件

1971 年，雷·汤姆林森（Ray Tomlinson）向自己发送了世界上第一封电子邮件。不过他已经忘了自己当时都发了些什么内容。后来他回忆，"或许是 QWERTYUIOP（键盘上第一排字母键）之类的东西"。

1.1.2 第一个互联网域名

1985 年 3 月 15 日，世界上第一个互联网域名 Symbolics.com 注册。现在，它已经成为互联网史上的一个历史遗迹。

图 1-2 世界上第一个互联网域名 symbolics.com

1.1.3　第一个网站

1991 年 8 月 6 日，世界上第一个网站上线。该网站专门发布万维网（World Wide Web）的信息，网址为：http://info.cern.ch/hypertext/WWW/TheProject.html。

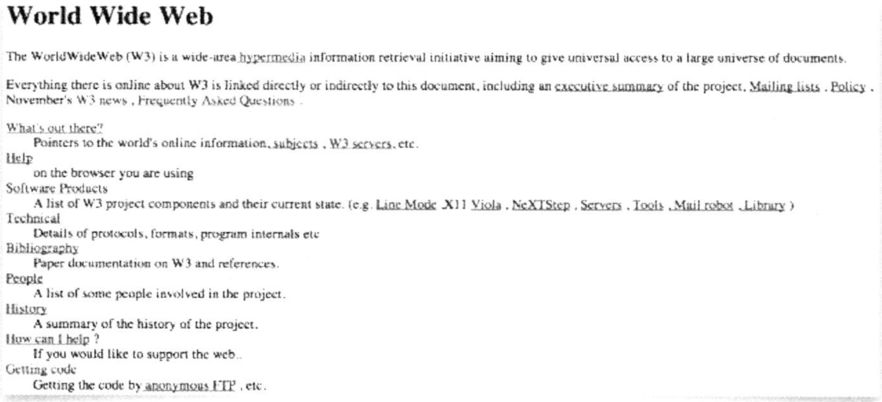

World Wide Web

The WorldWideWeb (W3) is a wide-area hypermedia information retrieval initiative aiming to give universal access to a large universe of documents.

Everything there is online about W3 is linked directly or indirectly to this document, including an executive summary of the project, Mailing lists , Policy , November's W3 news , Frequently Asked Questions .

What's out there?
　　Pointers to the world's online information, subjects , W3 servers, etc.
Help
　　on the browser you are using
Software Products
　　A list of W3 project components and their current state. (e.g. Line Mode , X11 Viola , NeXTStep , Servers , Tools , Mail robot , Library)
Technical
　　Details of protocols, formats, program internals etc
Bibliography
　　Paper documentation on W3 and references.
People
　　A list of some people involved in the project.
History
　　A summary of the history of the project.
How can I help ?
　　If you would like to support the web..
Getting code
　　Getting the code by anonymous FTP , etc.

图 1-3　世界上第一个网站

1.1.4　第一张网络图片

世界上第一张网络图片由万维网的发明人蒂姆·伯纳斯·李（Tim Burners Lee）上传，图中的四位女士来自一支名为 Les Horrible Cernettes 的喜剧乐队。

图 1-4　第一张网络图片　　　　图 1-5　eBay 成交的第一件物品

1.1.5　第一件网络购物成交的物品

1995 年，eBay（那时候还叫 AuctionWeb）完成第一单交易。该物品是一个损坏的激光指示器，成交价为 14.83 美元。购买者告诉 eBay 创始人皮埃尔·奥米迪亚（Pierre Omidyar），他专门收集损坏的激光指示器。

1.2　中国互联网的发展

1.2.1　发展"三步曲"

曲目一：研究试验（E-mail Only）1986.6~1993.3

在此期间中国一些科研部门和高等院校开始研究 Internet 联网技术，并开展了科研课题和科技合作工作。这个阶段的网络应用仅限于小范围内的电子邮件服务，而且仅为少数高等院校、研究机构提供电子邮件服务。

曲目二：起步（Full Function Connection）1994.4~1996

1994 年 4 月，中关村地区教育与科研示范网络工程进入互联网，实现和 Internet 的 TCP/IP 连接，从而开通了 Internet 全功能服务。从此中国被国际上正式承认为有互联网的国家。之后，ChinaNet、CERnet、CSTnet、ChinaGBnet 等多个互联网络项目在全国范围内相继启动，互联网开始进入公众生活，得到了迅速的发展。

曲目三：快速增长 1997 年至今

国内互联网用户数 1997 年以后基本保持每半年翻一番的增长速度。中国互联网络信息中心（CNNIC）第 33 次《中国互联网络发展状况统计报告》显示，截至 2013 年 12 月底，中国网民规模 6.18 亿，互联网普及率达到 45.8%。手机网民规模为 5 亿，使用手机上网的网民规模超过了台式电脑使用者。

1.2.2　中国互联网的"第一次"

1. 第一个上网的人

1987 年 9 月 20 日，钱天白先生通过国际互联网向西德卡尔斯鲁厄大学发出了中国第一封电子邮件——《穿越长城，走向世界》。

钱天白先生为我国互联网创始人。1990 年 11 月 28 日，他代表 CANET 在美国的国际互联网中心正式注册了中国的顶级域名 CN，他也成为顶级域名 CN 的行政管理者，这标志着中国网络在国际上有了自己的位置。

2. 第一个上网的媒体

1995 年 10 月 20 日，《中国贸易报》走上互联网，成为中国第一个上网的媒体。至今，据不完全统计，已有百余家媒体有了电子版。

3. 第一部网络法规

1996 年 1 月 23 日，国务院发布《中华人民共和国信息网络国际联网管理暂行规定》，并于发布之日起施行，这是我国首部网络法规。

4. 第一个全中文网上搜索引擎

1998 年 2 月 15 日，34 岁的张朝阳推出第一家全中文的也是中国最受欢迎的网上搜索引擎——搜狐（Sohoo），至 1998 年 10 月 5 日张朝阳成为美国《时代》周刊 50 名"数字英雄"之一，中间仅隔 7 个月。

5. 第一次大规模网络商业行动

1998 年 6 月，"世界杯"期间，中国各大网络公司以此为契机，发动第一次大规模网络商业行动。"四通利方"是最为活跃的中文网站，专门组织了"翻译"班子，利用在世界各地的网络记者，以最快速度向国内发稿。国中网丰富、迅速、独家的最新报道引得国内媒体纷纷选登，访问网民一天高达上百万人次。大量国内外大公司成为网络广告赞助商，使网络公司首次品尝了网络带来的直接利益。

6. 第一例电脑黑客事件

1998 年 6 月 16 日，上海某信息网的工作人员在例行检查时，发现网络遭到不速之客的袭击。7 月 13 日，犯罪嫌疑人杨某被逮捕。这是我国第一例电脑黑客事件。

经调查，此黑客先后侵入网络中的 8 台服务器，破译了网络大部分工作人员和 500 多个合法用户的账号和密码，其中包括两台服务器上超级用户的账号和密码。

杨某是国内一著名高校数学研究所计算数学专业的直升研究生，具有国家计算机软件高级程序员资格证书，具有相当高的计算机技术技能。据说，他进行电脑犯罪的历史可追溯到 1996 年。当时，杨某借助某高校校园网攻击了某科技网并获得成功。此后，杨某又利用为一电脑公司工作的机会，进入上海某信息网络，其间仅非法使用时间就达 2000 多小时，造成这一网络直接经济损失高达 1.6 万元。

据悉，杨某是以"破坏计算机信息系统"的罪名被逮捕的。据有关人士考证，这是修订后的刑法实施以来，我国第一起以该罪名进行侦查批捕的刑事犯罪案件。

7. 第一个中文域名注册

1998 年下半年，中西公司首创推出中文注册域名。在因特网上，注册域名通常都需要用英文名字，中西公司中文域名注册的推出使因特网汉化的程度大大向前迈进了一步。中西公司决定在第一批申请单位中为 10 家政府机构和 10 家企业提供免费中文域名。

8. 第一个"政府网"站点

1998 年 12 月 16 日，北京市政府"首都之窗"工作会议透露"首都之窗"站点已开通，成为我国第一个大规模"政府网"。人们有问题要反映可以通过网上市长信箱等在网上直接与市长沟通，群众也多了一条了解政府方针的新渠道——网络。

9. 第一次中美"网上战争"

1999 年 5 月 8 日，以美国为首的北约的五枚导弹袭击了中国驻南联盟大使馆，导致中美两国网民在互联网上展开一场空前的"网上战争"。

美国海军计算机与通信华盛顿中心网站、美国空军王牌"雷鸟"飞行大队网站、美国驻华大使馆、美国白宫、美国内政部、美国能源部、美国农业部等网站及北约部分网站均在不到 10 天内被中国网客"黑"掉。同时，美国网客也对中国一批有影响的网站发动了反击。

1.3　互联网时代的意义

互联网时代的到来，意味着以下四个重大转变的出现。

——生活方式的改变。衣食住行等人们生存生活的基础性需求基本上可以通过互联网得到满足。同时，日常工作、业务谈判、朋友社交、团队游戏等活动，无须通过在物理空间直接见面便可以完成。

——信息传播的质变。互联网时代的信息传播以超大容量特别是非结构化的信息、快速便捷的信息传输方式、高频化互动式的信息交流平台、人人都是信息源又都是自传播者等现象为基本特征，这使得过去以传统信息传播载体、通道、模式、规则等占据垄断地位的格局发生了重大改变，建构在互联网基础之上的自媒体、新媒体都已经进入一个充满想象力、活力无限的大时代。

——产业形态的改变。互联网（包括各类相关新一代信息技术）技术的快速发展和创新应用不断涌现，一方面，已经形成包括搜索引擎、即时通信（微信、微博类）、社交网络、电玩游戏、电子商务等在内的所谓的五大主流互联网商业化模式，导致与此相关的新型产业链不断延长，附载其中的增值服务不断增加；另一方面，互联网时代促成了 IT、ICT、互联网、物联网等技术与工业技术和产品的融合，也促成了其与现代农业、服务业的融合，所谓"混搭"、"跨界"的新产业、新业态、新服务方兴未艾。

——国民心态和社会形态的变化。这与互联网广泛、深入地进入人们的生活直接相关，也与互联网时代新媒体的特征密切相关，社会层级和结构的变化更快更新也更不确定，社会思潮和核心价值观等基本共识的引领更加困难，精神文化重塑与国民享受之间的结合更加多样化复杂化，国家社会治理体系建设任务更加迫切。在当今社会变革极快的年代，许多青少年创新者一夜暴富不再是神话，个人的网上炫富明显表现出双刃剑特征，各类明星和大 V 们的粉丝几天就突破百万、千万也已经成为寻常事情。

第 2 章
领导干部该了解的
互联网新应用

2.1 什么是互联网？

2.2 迷人的互联网应用

2.3 互联网应用的未来

技术改变世界，信息时代的互联网技术也改变了人类的衣食住行等各种生活方式，了解一些基本的互联网技术基础知识与应用将有助于提升领导干部自身的知识素养和管理能力。

2.1 什么是互联网？

互联网是什么？简单地讲就是一张大网，由许多小的网络（子网）互联而成，每个子网中连接着若干台计算机（主机），用来汇集来自世界各地的信息资源。

互联网以相互交流信息资源为目的，基于一些共同的协议，并通过许多路由器互联而成，它是一个信息资源和资源共享的集合。

互联网的主要组成部分有：计算机网络设施；支持 TCP/IP 协议的网络操作系统；服务器；客户机；其他组件（如防火墙、代理服务器等）。

图 2-1 互联网是什么？

互联网技术（Information Technology）是在计算机技术基础上发展而来的信息技术，主要包括互联网通信技术、互联网信息处理技术、移动互联网信息终端技术以及移动互联网衍生技术等。

2.2　迷人的互联网应用

从日常办公的即时通信软件（如内部邮箱、QQ、MSN），到民众间互动的 bbs 或门户网站，我们会惊讶地发现，生活中的互联网应用已经将我们包围。互联网应用给我们的生活和办公带来了非常棒的体验，促进了社会的进步和发展。那么，这充满神奇色彩的互联网到底还有哪些应用我们尚未发掘呢，或者我们尚未发现它的其他价值有哪些呢？带着这些疑惑，我们来具体看看时下到底有哪些迷人的互联网应用。

2.2.1　行业基础性服务

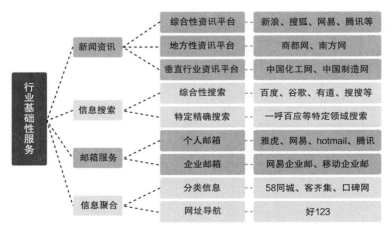

图 2-2　行业基础性服务框架

1. 新闻资讯

资讯是用户因为及时地获得它而能够在相对短的时间内给自己带来价值的信息。资讯有时效性和地域性，它能够被消费者利用。"提供——使用（阅读或利用）——反馈"之间能够形成一个长期稳定的 CS 链。新闻是一种资讯，但资讯不只是新闻，资讯是一种信息，包括需求信息、政策信息、技术、评论、观点等。

目前的资讯平台主要分为三类：

综合性资讯平台，如新浪、搜狐、网易、腾讯等几大门户网站。

地方性综合资讯平台，如商都网、南方网等。

垂直行业资讯平台，如中国化工网、中国制造网等一些行业网站。

2. 信息搜索服务

作为全球搜索引擎巨头的 Google 为搜索引擎掀起了一股互联网新热潮。百度、搜狐的"搜狗"、雅虎的"一搜"、慧聪的"中国搜索"等搜索引擎大战一时硝烟纷起。

据 CNNIC 2013 年 1 月的互联网发展报告，截至 2012 年底，我国搜索引擎用户规模为 4.51 亿，较 2011 年增长了 4370 万人，年增长率为 10.7%，在网民中的渗透率为 80%。搜索引擎作为互联网的基础应用，是网民获取信息的重要工具，其使用率自 2010 年后保持在 80% 左右的水平，稳居互联网第二应用之位。

搜索引擎可以分为三类：

综合性搜索，如百度、谷歌、有道、搜搜等。

特定精确搜索，如一呼百应等特定领域的搜索引擎。

站内搜索，如各网站内的搜索引擎。

3. 邮箱

电子邮箱一直是互联网应用的基础。电子邮箱具有单独的网络域名，电子邮箱域名在 @ 后标注，一般格式为：用户名 @ 域名。在网络中，电子邮箱可以自动接收网络上任何电子邮箱所发的电子邮件，并能存储规定大小的多种格式的电子文件。同时也可以让人们在任何地方任何时间收、发信件，突破了时空的限制，大大提高了工作效率。

邮件服务商主要分为两类，一类主要针对个人用户提供个人免费电子邮箱服务，另外一类针对企业提供付费企业电子邮箱服务。

图 2-3　电子邮箱形象图

4. 信息聚合

信息聚合是从大数据中萃取信息的前沿技术：利用最新的大数据技术，围绕某主题，把高度相关但又分散的信息碎片，迅速、及时地整合成完整的、有参考价值的信息。数据来源包括微博、网页、日志。对于企业级应用，甚至可以整合企业内部数据。利用信息聚合技术，可以过滤噪声数据的干扰，迅速获得有价值的信息。信息聚合技术是大数据应用的关键技术之一。目前，信息聚合服务主要分为两类：分类信息（如58 同城、客齐集、口碑网等）和网址导航（如好 123）。

2.2.2 交流娱乐

1. 即时通信

即时通信（Instant Messenger，简称 IM）是一个终端服务，基于互联网的即时交流消息业务，允许两人或多人在网上即时传递文字信息、档案、语音与视频交流等。其代表有微信、MSN、QQ、飞信等。

即时通信按使用用途分为企业即时通信和网站即时通信，根据装载的对象又可分为手机即时通信和 PC 即时通信。手机即时通信代表是短信，网站、视频即时通信如：米聊、YY 语音、QQ、微信、百度 hi、新浪 UC、阿里旺旺、网易泡泡、网易 CC、盛大 ET、移动飞信、企业飞信、易信等应用形式。截至 2012 年 12 月底，我国即时通信用户规模达4.68 亿，并呈现由 PC 端向移动端转移的趋势。

2. 网络视频

狭义的网络视频，是指由网络视频服务提供商提供的、以流媒体为播放格式的、可以在线直播或点播的声像文件。网络视频一般需要独立的播放器，文件格式主要基于 P2P 技术占用客户端资源较少的 FLV 流媒体格式，如网络电影、电视剧、新闻、综艺节目、广告等视频节目。广义的网络视频还包括自拍 DV 短片、视频聊天、视频游戏等行为。

视频聊天是指以电脑或者移动设备为终端，利用 QQ、MSN 等 IM工具，进行可视化聊天的一项技术或应用。

从产业链角度来看，网络视频行业主要涉及三个主题：内容提供商、视频运营商和终端用户。内容提供商指向视频运营商提供视频内容的企业（或个人），包括传统的电视台与影视公司、专业视频制作公司，以及一部分网民；视频运营商即各类视频网站；终端用户指的就是观看视频的网民。网络视频行业的外围主体包括广告商、硬件/技术支持、风险投资、监管部门等。

3. web2.0 应用

Web2.0 是相对于 Web1.0 的新一类互联网应用的统称，更注重用户的交互作用，用户既是网站内容的浏览者，也是网站内容的制造者。它具有以下几个特点：用户参与网站内容制作；更加注重交互性；核心不在于技术，而在于指导思想。主要应用有博客、微博、威客、电子杂志、在线 RSS 等。

4. 博客（blog）/ 个人空间

博客，又译为网络日志、部落格或部落阁等，是一种通常由个人管理、不定期张贴新的文章的网站。博客上的文章通常根据张贴时间，以倒序方式由新到旧排列。许多博客专注在特定的课题上提供评论或新闻，

图 2-4　曾红极一时的 Blog

其他则是比较个人化的日记。一个典型的博客结合了文字、图像、其他博客或网站的链接及其他与主题相关的媒体。能够让读者以互动的方式留下意见，是许多博客的重要功能。大部分的博客内容以文字为主，也有一些博客专注于艺术、摄影、视频、音乐、播客等各种主题。博客是社会媒体网络的一部分。博客具有操作简单、可持续更新、开放互动、展示个性等特点。截至 2012 年 12 月底，网民中仍在使用博客的网民占比仅为 24.8%，用户规模约为 1.40 亿人。

5. 微博

微博是微博客（MicroBlog）的简称，是用户信息分享、传播以及获取的平台，用户可以通过 WEB、WAP 等各种客户端组建个人社区，以 140 字左右的文字更新信息，并实现即时分享。最早也最著名的微博是美国 twitter。2009 年 8 月中国门户网站新浪推出"新浪微博"内测版，成为门户网站中第一家提供微博服务的网站，从此微博正式进入中文上网主流人群视野。2011 年 10 月，中国微博用户总数达到 2.498 亿，成为世界微博第一大国。随着微博在网民中的日益火热，与之相关的词如"微夫妻"也迅速走红网络。经过 2011 年的高速发展，微博已经成为中国网民使用的主流应用，截至 2012 年 12 月底，我国微博用户规模为 3.09 亿，较 2011 年底增长了 5873 万，增幅达到 23.5%。网民中的微博用户比例较上年底提升了 6 个百分点，达到 54.7%。

延伸阅读：代表微博连线

Twitter

　　微博类的鼻祖，可以不夸张地说，国内所有的微博都是山寨版的 Twitter。

图 2-5　Twitter 标志图

腾讯微博

　　腾讯微博限制字数为 140 字，有"私信"功能，支持网页、客户端、手机平台，支持对话和转播，并具备图片上传和视频分享等功能。支持简体中

图 2-6　腾讯微博 logo

文，繁体中文和英语。在"转播"设计上，转发内容限制在 140 字以内，采取与 twitter 一样的回复类型 @，这与大多数国内微博相同。此外，腾讯微博更加鼓励用户自建话题，在用户搜索上可直接对账号进行查询。微博和 IM 是两种不同的平台，在拥有了强大的 QQ 平台下，腾讯方面并未打算把腾讯微博作为战略级产品推出，而更多的是为了遏制对手，起到战略防御的作用。

新浪微博

　　是一个由新浪网推出，提供微型博客的服务网站。新浪微博是一个类似于 Twitter 和 Facebook 的混合体，用户可以通过网页、WAP 页面、外部程

图 2-7　新浪微博 logo

序和手机短信、彩信等发布 140 汉字（280 字符）以内的信息，并可上传图片和链接视频，实现即时分享。新浪微博可以直接在一条微博下面附加评论，也可以直接在一条微博里面发送图片，新浪微博最先添加这两项功能。新浪微博似乎没

有跳出新浪博客文化的框框，而使用了"评论"，这样显得过于正式，貌似与轻松、随意、活力的设计有点不符。在推广策略上，貌似也走着新浪博客的过去走过的路，以名人效应拉动，从人气用户推荐可见，如名嘴黄健翔、明星李冰冰、容祖儿、Soho 中国的潘石屹。

网易微博

网易微博继承了 Twitter 的简约风格，无论是从色彩布局，还是整体设计上，都可以找到点 Twitter 的感觉。在交互上，它摒弃了新浪微博回复提醒的烦琐功能，相比于新浪微博的评论内嵌，

图 2-8　网易微博 logo

网易微博采用了 @ 的形式进行用户之间的友好交流。在信息提醒方面，区别于新浪微博的右侧小范围提醒，采用 twitter 式的 Ajax 免刷新设计的横条，大大扩大了可点击范围。在话题搜索快捷插入功能上，单个 # 比如 "# 话题"比新浪微博的"# 话题 #"更考虑到用户插入话题的便捷性和易用性。同时将 # 意见反馈放到内容框下更显眼的位置，可见网易微博把用户的建议与意见放到一个相当重要的位置。

搜狐微博

搜狐微博是搜狐网旗下的一个功能，如果你已有搜狐通行证，可以登录搜狐通行证后直接输入账号登录。可以将每天生活中有趣的事情、突发的感想，通

图 2-9　搜狐微博 logo

过一句话或者图片发布到互联网中与朋友们分享。

6. 播客

播客 Podcast，中文译名尚未统一，但最多的是将其翻译为"播客"。播客是数字广播技术的一种，出现初期借助一个叫"iPodder"的软件与一些便携播放器相结合而实现。Podcasting 录制的是网络广播或类似的网络声讯节目，网友可将网上的广播节目下载到自己的 iPod、MP3 播放器或其他便携式数码声讯播放器中随身收听，不必端坐电脑前，也不必实时收听，享受随时随地的自由。更有意义的是，你还可以自己制作声音节目，并将其上传到网上与广大网友分享。爱听网、土豆网、QQvideo、Youtube、新浪播客、Mofile TV、优酷、56、6 间房、UUme、偶偶、酷 6、派派网等都是著名的播客网站。

7. 网摘

第一个网摘站点的创始人 Joshua 发明了网摘，其英文原名是 Social Bookmark，直译是"社会化书签"。通俗地说，网摘就是一个放在网络上的海量收藏夹。网摘将网络上零散的信息资源有目的地进行汇聚整理然后展现出来。可以提供很多本地收藏夹所不具有的功能，它的核心价值已经从保存浏览的网页，发展成为新的信息共享中心，能够真正做到"共享中收藏，收藏中分享"。如果每日使用网摘的用户数量较大，用户每日提供的链接收藏数量足够，网摘站就成了汇集各种新闻链接的门户网站。

常见的网摘网站有：新浪 ViVi 收藏夹、百度搜藏、和讯部落、趣摘网、天极网摘和站长网摘等。

8. 威客

威客的英文 Witkey 是由 wit（智慧）、key（钥匙）两个单词组成，也是 The key of wisdom 的缩写，是指那些通过互联网把自己的智慧、知识、能力、经验转换成实际收益的人，他们在互联网上通过解决科学、技术、工作、生活、学习中的问题，从而让知识、智慧、经验、技能体现经济价值。

9.社区

网络社区是指包括 BBS/ 论坛、贴吧、公告栏、群组讨论、在线聊天、交友、个人空间、无线增值服务等形式在内的网上交流空间。统一主题的网络社区集中了具有共同兴趣的访问者，可以理解为现实社区的网络化、信息化。信息化和智能化是提高"物业水平"和提供安全舒适的居住环境的技术手段。一般通过广告费、会员费、内容服务费、交易费来盈利。

目前国内社区主要分为以下几类：

- 综合类社区。指西陆社区、猫扑、天涯社区、西祠胡同等包含多个版块，涉及多个领域的专业综合类大型社区。

- 门户类社区。如搜狐社区、新浪论坛等依托大型门户网站建立的社区。

- 主题类社区。指 17173 游戏论坛、榕树下社区、Donews、CSDN 等针对某一类特定用户群体提供专业主题交流、互动、分享的平台。

- 高校 BBS。指类似水木清华、品知人大等，由高校建立的社区论坛。

- 搜索类社区。以大旗、奇虎、teein 为代表，聚合国内几乎所有论坛社区的精华帖并提供给用户，同时还有社区搜索服务。

- 广义社区。即 QQ 群、豆瓣网等区别于传统社区的 BBS 功能和形态（如发帖、浏览），以 SNS 拓展包括但不限于 Web 方式的群体沟通平台。

10. 网络游戏

网络游戏是区别于单机游戏而言的，是指玩家必须通过互联网连接来进行多人游戏。一般由多名玩家通过计算机网络在虚拟的环境下对人物角色及场景按照一定的规则进行操作以达到娱乐和互动目的的游戏产品集合。而单机游戏模式多为人机对战，因其不能连入互联网而使玩家与玩家的互动性差了很多，但可以通过局域网的连接进行有限的多人对战。网络游戏的诞生使命："通过互联网服务中的网络游戏服务，提升全球人类生活品质。"网络游戏的诞生让人类的生活更丰富，从而促进全球人类社会的进步。截至 2012 年底，中国网络游戏用户规模达到 3.36 亿，网民渗透率从 2011 年的 63.2% 降至 59.5%。用户绝对规模增长 1142 万人，增长率仅为 3.5%，再次创新低。自 2010 年开始，受到环境以及游戏行业内部因素影响，中国网络游戏用户一直保持在低位发展。

有浏览器和客户端两种游戏形式。典型的浏览器形式的游戏如有角色扮演（功夫派）、战争策略（七雄争霸）、社区养成（洛克王国）、模拟经营（范特西篮球经理）、休闲竞技（弹弹堂）等。客户端类型游戏有 World of Warcraft（魔兽世界）（美）、穿越火线（韩国）、EVE（冰岛）、战地（Battlefield）（瑞典）、最终幻想 14（日本）、天堂 2（韩国）、梦幻西游（中国）等。

11. 社交网络

社交网络即社交网络服务，由英文 SNS（Social Network Service）翻译而来。网络社交的起点是电子邮件。BBS 把网络社交推进了一步，从单纯的点对点交流推进到了点对面的交流，交流成本降低。即时通信和博客更像是前面两个社交工具的升级版本，前者提高了即时效果和同时交流能力；后者则开始体现社会学和心理学的理论——信息发布节点开始体现越来越强的个体意识。随着网络社交的悄悄演进，一个人在网络上的形象更加趋于完整，这时候社交网络出现了。截至2012年12月底，我国使用社交网站的用户规模为2.75亿，较上年底提升了12.6%。网民中社交网站用户比例较2011年略有提升，达到48.8%。

国内社交网站代表如下：

基于白领和学生用户的交流——人人网、朋友网；

基于白领用户的娱乐——开心网；

基于各类生活爱好——豆瓣；

基于大众化的社交——QQ空间、布谷森林；

基于未婚男女的婚介——世纪佳缘、百合网、珍爱网。

图2-10　国内社交网络概览

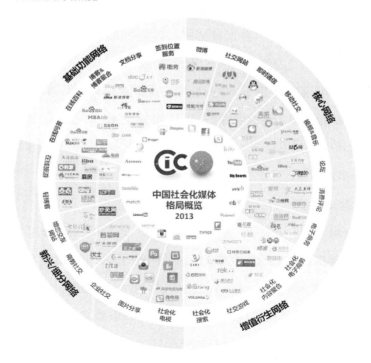

2.2.3　互联网媒体

1. 门户网站

广义的门户网站是一个 Web 应用框架，它将各种应用系统、数据资源和互联网资源集成到一个信息管理平台之上，并以统一的用户界面提供给用户，并建立企业对客户、企业对内部员工和企业对企业的信息通道，使企业能够释放存储在企业内部和外部的各种信息。狭义的门户网站，是指提供某类综合性互联网信息资源并提供有关信息服务的应用系统。门户网站最初提供搜索引擎、目录服务。从现状来看，门户网站主要提供新闻、搜索引擎、网络接入、聊天室、电子公告牌、免费邮箱、影音资讯、电子商务、网络社区、网络游戏、免费网页空间等。在我国，典型的门户网站有腾讯网、新浪网、网易和搜狐网以及地方门户网站联盟城市中国等。

门户网站分类及代表：

——搜索引擎式门户网站。该类网站主要功能是提供强大的搜索引擎和其他各种网络服务，这类网站在我国比较少。

——综合性门户网站。该类网站以新闻信息、娱乐资讯为主，如新浪、搜狐等，称作资讯综合门户网站。网站是以新闻、供求、产品、展会、行业导航、招聘为主的集成式网站，如众业、代理商门户、前瞻网被称作行业综合门户网站。

——地方生活门户。该类网站是时下最流行的，以本地资讯为主，一般包括：本地资讯、同城网购、分类信息、征婚交友、求职招聘、团购集采、口碑商家、上网导航、生活社区等频道，网内还包含电子图册、万年历、地图频道、音乐盒、在线影视、优惠卷、打折信息、旅游信息、酒店信息等非常实用的功能，如县门户联盟、城市中国地方门户联盟、郑漂论坛、新浪河南、瓮安在线、廊坊消费广场、丽江 360 网站、通话网、瓮安网、百汇网、贵州生活网、高安网、浙江热线、南昌百姓热线、芜湖民生网、武汉门户网、杭州 19 楼、成都第四城等。

——校园综合性门户网站。该类网站贴近学生生活，包括校园最新资讯、校园娱乐、校园团购、跳蚤市场等，如嗨易网、大学生生活网、腾讯校园等。

——专业性门户网站。主要是涉及某一特定领域的网站，包括：游戏、服装、美食、建筑、机电等。

2. 网络广告

简单地说，网络广告就是在网络上做的广告。利用网站上的广告横幅、文本链接、多媒体的方法，在互联网上刊登或发布广告，通过网络传递到互联网用户的一种高科技广告运作方式。它是广告主为了推销自己的产品或服务在互联网上向目标群体进行有偿的信息传达，从而引起群体和广告主之间信息交流的活动。或简言之，网络广告是指利用国际互联网这种载体，通过图文或多媒体方式，发布的赢利性商业广告，是在网络上进行的有偿信息传播。

与传统的四大传播媒体（报纸、杂志、电视、广播）广告及备受青睐的户外广告相比，网络广告具有得天独厚的优势，是实施现代营销传媒战略的重要部分。

3. 新媒体

新媒体是新的技术支撑下出现的媒体形态，如数字杂志、数字报纸、数字广播、手机短信、移动电视、网络、桌面视窗、数字电视、数字电影、触摸媒体等。相对于四大传统意义上的媒体而言的，它被形象地称为"第五媒体"。较之于传统媒体，新媒体自然有它自己的特点。如：能够迎合人们休闲娱乐时间碎片化的需求；能够满足随时随地地互动性表达、娱乐与信息搜索需要；传播与更新速度快，成本低；信息量大，内容丰富等。

4. 新媒体世界的生态链

2013 年 6 月 25 日，中国社会科学院新闻与传播研究所、社会科学文献出版社在北京联合发布了新媒体蓝皮书《中国新媒体发展报告（2013）》。书中概括了当前中国新媒体发展的六大态势，盘点了移动互联网、微信、微博客、大数据与云计算、社交媒体、三网融合、宽带中国、智慧城市与物联网、移动应用 App、OTT TV 等十大热点，全面解析了中国新媒体的传播社会影响，并提出，2012 年以来，移动化和融合化成为中国新媒体发展与变革的主旋律。在移动互联网和网络融合大势的推动下，中国新媒体用户持续增长、普及程度进一步提高，新媒体应用不断推陈出新、产业日趋活跃，新媒体的社会化水平日益提升、频频引发热点。

全书收入了数十位作者撰写的分报告。分报告各有侧重，深入探讨了中国微博发展态势与用户特征、网络媒体新闻传播、谣言传播特征、网络政治参与、网络反腐态势、社交媒体的政治性应用、移动网络信息安全、报业数字化、网络广告、网络文化、意见领袖特征、宽带中国示范工程等重要问题，梳理数字电视、电子书、IPTV、手机电视、数字报纸等新媒体产业的发展概况。

《中国新媒体发展报告（2013）》认为，功能不断延展的新媒体与社会的融合在深化，成为成就"中国梦"的积极力量。报告还对未来中国新媒体的发展进行了预测和展望，并提出了促进中国新媒体健康发展的相关建议。

5. 自媒体

自媒体又称公民媒体，即公民用以发布自己亲眼所见、亲耳所闻事件的载体，如博客、微博、论坛、BBS、网络社区等统称为自媒体。它具有平民化、个性化、低门槛、易操作、交互强、传播快等优势，同时也有良莠不齐、可信度低、相关法律不规范等缺点。

2.3　互联网应用的未来

过去几年间，我国互联网产业规模逐步扩大、行业应用不断创新和持续深化、对国民经济的影响进一步加强。纵观互联网发展的趋势，"宽带中国"战略将稳步实施，在新一代网络基础设施方面将形成初步能力；移动互联网借助在终端等方面的产业优势，与无线宽带结合将形成更加广阔的市场前景；云计算产业将呈现爆发式增长，尤其是私有云市场将有重要突破；电子政务平台实施效果进一步体现，城市管理信息化和公共服务信息平台将会在"智慧城市"建设中扮演更加重要的角色，我国正在稳步步入网络化时代。

2.3.1　移动互联网

1. 什么是移动互联网？

移动互联网，就是将移动通信与互联网结合起来，构建起基于手持终端设备的一体化的互联通信应用网络。常见的手机上网业务就属于移动互联产业的业务。移动通信和互联网成为当今世界发展最快、市场潜力最大、前景最诱人的两大业务，它们的增长速度是任何预测家未曾预料到的。移动互联网的优势决定了其庞大的用户数量。

2. 移动互联网有何优势？

使用人群更大：据统计，移动用户数量已达 7 亿，远高于 PC 互联网用户数量。

高便捷性：手持客户端体积小，具有便携性。除了睡眠时间外，移动设备的使用时间一般都远多于 PC。这就决定了用户对于手持客户端的随手携带时间多于 PC 终端。

隐私性：移动设备的隐私性远高于 PC 端用户的要求。互联网下，PC 端系统的用户信息是可以被搜集的，而移动通信用户上网显然是不需要将自己设备上的信息给他人共享。

安全性：相较于 PC 终端，移动客户端因为其高隐私性，具有先天的高安全性。

应用多样化：基于手持终端本身的优势，移动互联网应用能够有机地整合视频、语音、通信、文字、图片等内容，形成全方位的互联网应用，为用户提供更加优质的服务。

3. 移动互联网技术新发展

（1）HTML5

图 2-11　HTML5

HTML5 是 HTML 下一个主要的修订版本，现在仍处于发展阶段。其目标是取代 1999 年所制定的 HTML 4.01 和 XHTML 1.0 标准，以期能在互联网应用迅速发展的时候，使网络标准符合当代的网络需求。它希望能够减少浏览器对于需要插件的丰富性网络应用服务的需求，并且提供更多能有效增强网络应用的服务。

HTML5 应用实例。它可以实现：微博定位功能，调用 GPS；微博语音输入，调用话筒；照片上传功能，调用摄像头；摇一摇功能，调用重力感应器。

（2）NFC

NFC（Near Field Communication，近距离无线通信），是一种短距离的高频无线通信技术，允许电子设备之间进行非接触式点对点数据传输，在十厘米（3.9 英吋）内，交换数据，应用非常广泛，如门禁卡，公交卡等都使用了这种技术。

NFC 是如何改变生活的呢？

NFC+Play 360°。诺基亚 Play 360°音箱可以通过蓝牙连接电子设备，如果手机带有 NFC 功能，可通过触碰直接配对播放音乐。

NFC+Tapit。Tapit 在澳大利亚实现了 NFC 营销实践，游客只需通过手机碰触标签就可以得到艾尔斯岩的图文声多媒体介绍。

NFC+ 愤怒的小鸟。愤怒的小鸟推出 magic 版，其中第五关以后关卡需要手机之间通过 NFC 碰触解锁。

NFC+ 街旁。诺基亚与街旁进行合作，在商家店铺提供 NFC 标签，用户可以通过手机接触标签直接实现街旁的签到功能。

搭载 NFC 的移动设备。2013 年 7 月中旬，北京移动与北京市政交通一卡通有限公司联合宣布推出了"移动 NFC 手机一卡通"。7 月 22日起，北京市民已经可以体验刷手机乘公交、坐地铁或购物了。目前仅支持由运营商 Sprint 提供的少量定制机机型。

（3）包罗万象的黑白方块——二维码

二维码，2-dimensional bar，又称二维条码，是在一维条码的基础上扩展出另一维具有可读性的条码。它是用按一定规律分布于平面（二维方向上）的黑白相间的图形记录数据符号信息的，在代码编制上利用构成计算机内部逻辑基础的比特流的概念，使用若干个与二进制相对应的几何形体来表示文字数值信息，通过图象输入设备或光电扫描设备自动识读以实现信息自动处理。

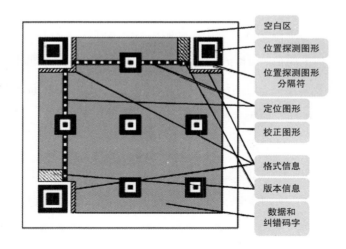

图 2-12　二维码构造图

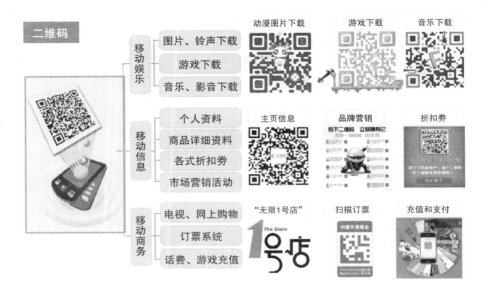

图 2-13 　二维码应用

（4）现实与虚拟交错，一切尽在眼前——增强现实

增强现实（Augmented Reality，AR），是一种实时地计算摄影机摄像的位置及角度并加上相应图像的技术，这种技术的目标是在屏幕上把虚拟世界套在现实世界并进行互动。

经典应用——虚拟试衣间。

如果你想知道哪款眼镜最配你的脸型，而不希望去商店亲自试戴，AR 可以帮助你。想知道哪款衣服适合你，不用试穿，虚拟试衣镜前比一比就知道。相信，青睐这一应用的商家的品牌在之后会越来越多。目前在 Iphone 手机，Windows Phone 手机以及 Google Andriod 手机上，已经出现了不少增强现实的应用。在工业上的应用也出现了不少，主要用于大型器械的维修和制造上，通过为维修人员装备头戴式显示器，维

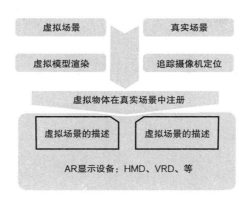

图 2-14　虚拟与现实——增强现实

修人员可以在维修的时候轻松获取对他们有用的很多帮助信息。医生也可以利用增强现实轻易地进行手术部位的精确定位。

2.3.2　大数据时代

1. 风起于青萍之末——大数据时代的到来

"大数据"最早是由麦肯锡咨询提出的。人们用它来表述和定义信息爆炸时代产生的海量数据，并命名与之相关的技术发展和创新。它具有四个基本特征：数据量大、类型繁多、价值密度低、速度快、时效高。大数据时代对人类的数据驾驭能力提出了新的挑战，也为人们获得更为深刻、全面的洞察能力提供了前所未有的空间和潜力。

"大数据"时代已经降临，在商业、经济及其他领域中，决策将日益基于数据和分析而做出，而非基于经验和直觉。

2. 大风起兮云飞扬——大数据时代的数据产品

数据产品是一种从海量数据中挖掘出对用户有价值的信息，并以直观且易于理解的表现形式表达出来，面向广大用户群体开放的产品形式。有以下几层含义：以海量数据为基础；以数据计算为核心；通过复杂关联获取价值；通过分析界面、报表操作等完成人机交互；与其他在线生产系统进行数据对接。

3. 随风潜入夜，润物细无声——大数据在各行业中的应用举例

（1）充电站应该建在哪里？——汽车制造业的大数据应用

2012 年 IBM、加利福尼亚州的太平洋电气公司、本田公司三方合作，搜集了大量的数据信息，包括实时数据和历史数据。例如汽车的电池电量、位置、时间等，来确定充电的最佳时间和充电站的最佳地点。

基于大量的信息输入，如汽车的电池电量、汽车的位置、时间以及附近充电站的可用插槽等，IBM 开发了一套复杂的预测模型。它将这些数据与电网的电流消耗以及历史功率使用模式相结合。通过分析来自多个数据源的巨大实时数据流和历史数据，能够确定司机为汽车电池充电的最佳时间和地点，并解释充电站的最佳设置点。最后，系统需要考虑附近充电站的价格差异，即使是天气预报，也考虑到。

（2）你的飞机会误点吗？——航空业大数据的应用

Data.gov 上线以后，美国交通部开放了全美航班起飞、到达、延误的数据，有程序员开用这些数据开发了一个航班延误时间的分析系统 FlyOnTime.us。该系统向全社会免费开放，任何人都可以通过它查询分析全国各次航班的延误率及机场等候时间。让数据说话的 FlyOnTime.us 经常语出惊人。比如从波士顿到纽约拉瓜迪亚机场的航班因大雾延迟的时间一般是因雪延迟的两倍。一个不收集或不控制信息的公司不能像搜索引擎一样，获得数据的价值。

（3）何时才是购买电子产品的最佳时机？——大数据在零售业的应用

2011 年，西雅图一家叫 Decide.com 的科技公司推出了一个门户网站，为无数顾客预测商品的价格。经过一年的时间，Decide.com 分析了近 400 万产品的 250 多亿条价格信息，发现了一些怪异现象，比如在新产品发布时，前一代产品会经历一个短暂的价格上浮。因为电子商务网站都开始使用自动定价系统，所以 Decide.com 能够告知用户何时才是购买电子产品的最佳时机。

（4）加油和购物有关系吗？——大数据在银行业的应用

MasterCard 通过为小银行和商家提供服务，能够从自己的服务网中获取更多的交易信息和顾客的消费信息。MasterCard Advisors 部门收集和分析了来自 210 个国家的 15 亿信用卡用户的 650 亿条交易记录。发现，如果一个人在下午 4 点左右给汽车加油，他很可能在接下来的一个小时内要去购物或者去参观吃饭，而这一个小时的消费额在 35 至 50 美元之间。

（5）上线前就能知道票房收入？——电影娱乐业的大数据应用

The-Numbers 公司利用海量数据和特定算法预测出一部电影的票房。该公司拥有了一个包括过去几十年美国所有商业电影大约 3000 万条记录的数据库。这家公司的网络系统中有 100 万条类似"A 编剧曾与 B 导演合作过，C 导演曾与 D 演员合作过"这样的信息。将这些信息与以往的电影收入相联系，公司就能预测下一部电影的收入。借助于这个预测，电影制片人可以向工作室或投资人募资。

（6）餐饮、交通、娱乐，一站式完成——通信行业对大数据的应用

XO Communications 通过使用 IBM SPSS 预测分析软件，减少了将近一半的客户流失率。XO 现在可以预测客户的行为，发现行为趋势，

并找出存在缺陷的环节，从而帮助公司及时采取措施，保留客户。中国移动通过大数据分析，对企业运营的全业务进行有针对性的监控、预警、跟踪。系统在第一时间自动捕捉市场变化，再以最快捷的方式推送给指定负责人，使他在最短时间内获知市场行情。NTT docomo 把手机位置信息和互联网上的信息结合起来，为顾客提供附近的餐饮店信息，接近末班车时间时，提供末班车信息服务。

（7）每日三次、每次一片，药还要这样吃吗？——基于大数据的智慧医疗

Seton Healthcare 是采用 IBM 最新沃森技术医疗保健内容分析预测的首个客户。该技术允许企业找到大量病人相关的临床医疗信息，通过大数据处理，更好地分析病人的信息。在加拿大多伦多的一家医院，针对早产婴儿，每秒钟有超过 3000 次的数据读取。通过这些数据分析，医院能够提前知道哪些早产儿出现问题并且有针对性地采取措施，避免早产婴儿夭折。它让更多的创业者更方便地开发产品，比如通过社交网络来收集数据的健康类 App。也许未来数年后，它们搜集的数据能让医生给你的诊断变得更为精确，比方说不是通用的成人每日三次、一次一片，而是检测到你的血液中的药已经代谢完成并自动提醒你再次服药。

（8）淘宝"数据魔方"

这是 2010 年 3 月 31 日淘宝网正式发布的一款数据产品。在数据魔方中，淘宝（包括天猫）的消费数据在品牌、店铺、标类产品、产品属性乃至购买人群的特征等多个维度上全面呈现，并提供了商家店铺数据分析、流失顾客分析、淘宝搜索关键词分析等诸多实用功能。数据魔方作为一款面向淘宝卖家的收费产品，虽然价格不菲，但其官方网站披露，截止到 2013 年 7 月 23 日，已有 304116 名卖家在使用。

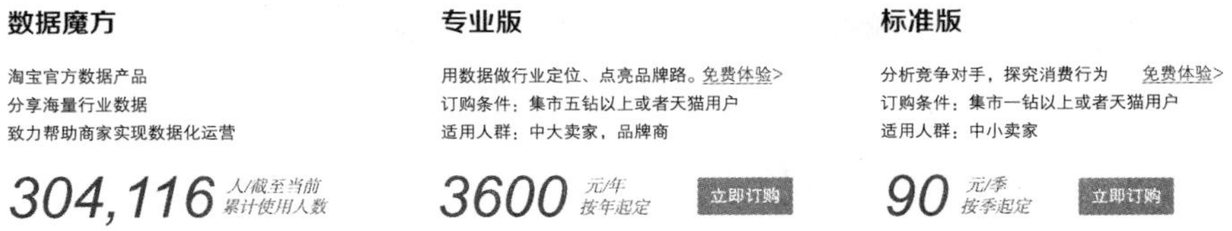

数据魔方

淘宝官方数据产品
分享海量行业数据
致力帮助商家实现数据化运营

304,116 人/截至当前
累计使用人数

专业版

用数据做行业定位、点亮品牌路。免费体验>
订购条件：集市五钻以上或者天猫用户
适用人群：中大卖家，品牌商

3600 元/年
按年起定　　立即订购

标准版

分析竞争对手，探究消费行为　　免费体验>
订购条件：集市一钻以上或者天猫用户
适用人群：中小卖家

90 元/季
按季起定　　立即订购

图 2-15　淘宝"数据魔方"

（9）Xoom 与跨境汇款异常交易警报——金融业的大数据应用

Xoom 是一个专门从事跨境汇款业务的公司，它得到了很多拥有大数据的大公司的支持。它会分析一笔交易的所有相关数据，一旦发现用"发现卡"从新泽西州汇款的交易比平常多的话，系统就会报警。Xoom公司解释说："这个系统关注不应该出现的情况。"单独来看，每笔交易都是合法的，但是事实证明这是一个犯罪集团在试图诈骗。而发现异常的唯一方法就是，重新检查所有的数据，找出样本分析法错过的信息。

2.3.3　云计算

云计算（Cloud Computing）是一种基于互联网的计算方式，通过这种方式，共享的软硬件资源和信息可以按需求提供给计算机和其他设备。描述了一种基于互联网的新的 IT 服务增加、使用和交付模式，通常涉及通过互联网来提供动态易扩展而且经常是虚拟化的资源。美国国家标准和技术研究院的云计算定义中明确了三种服务模式：软件即服务、平台即服务、基础架构即服务。

1. 软件即服务（SaaS）

消费者使用应用程序，但并不掌控操作系统、硬件或运作的网络基础架构。是一种服务观念的基础，软件服务供应商，以租赁的概念提供客户服务，而非购买，比较常见的模式是提供一组账号密码。例如 Microsoft CRM 与 Salesforce.com

2. 平台即服务（PaaS）

消费者使用主机操作应用程序。消费者掌控运作应用程序的环境（也拥有主机部分掌控权），但并不掌控操作系统、硬件或运作的网络基础架构。平台通常是应用程序基础架构。例如 Google App Engine。

3. 基础架构即服务（IaaS）

消费者使用"基础计算资源"，如处理能力、存储空间、网络组件或中间件。消费者能掌控操作系统、存储空间、已部署的应用程序及网络组件（如防火墙、负载平衡器等），但并不掌控云基础架构。例如 Amazon AWS、Rackspace。

2.3.4　智慧城市

1. 怎样的城市才是智慧城市？

智慧城市，就是利用信息和通信技术，令城市生活更加智能，高效利用资源，达到成本和能源的节约，改进服务交付和生活质量，减少环境的影响，支持创新和低碳经济的城市形态。智慧城市基于物联网、云计算等新一代信息技术以及维基、社交网络、Fab Lab、Living Lab、综合集成法等工具和方法的应用，营造有利于创新涌现的生态，实现智慧技术高度集成、智慧产业高端发展、智慧服务高效便民、以人为本持续创新，完成从数字成熟向智慧城市的跃升。

2. 国际"智慧城市"展示的智慧

美国的第一个智慧城市——迪比克市。2009 年，迪比克市与 IBM 合作，建立美国第一个智慧城市。利用物联网技术，在一个有 6 万居民的社区里将各种城市公用资源（水、电、油、气、交通、公共服务等）连接起来，监测、分析和整合各种数据以做出智能化的响应，更好地服务市民。

"智慧国 2015"计划。新加坡 2006 年启动"智慧国 2015"计划，通过物联网等新一代信息技术的积极响应，将新加坡建设成为经济、社会发展水平一流的国际化城市。在电子政务、服务民生及泛在互联网方面，新加坡的成绩引人注目。其中智能交通系统通过各种传感数据、运营信息及丰富的用户交互体验，为市民出行提供实时、适当的交通信息。

哥本哈根的愿望。丹麦建造智慧城市哥本哈根，有志在 2025 年前成为第一个实现碳中和的城市。要实现该目标，主要依靠市政的气候行动计划——启动 50 项举措，以实现其 2015 年减碳 20% 的中期目标。在力争取得城市的可持续性发展时，许多城市的挑战在于维持环保与经济之间的平衡。采用可持续发展城市解决方案，哥本哈根正逐渐接近目标。哥本哈根的研究显示，其首都地区绿色产业 5 年内的营收增长了 55%。

"欧洲绿色首都"——斯德哥尔摩。瑞典首都斯德哥尔摩 2010 年被欧盟委员会评定为"欧洲绿色首都"；在普华永道 2012 年智慧城市报告中，斯德哥尔摩名列第五，分项排名中智能资本与创新、安全健康与安保均为第一，人口宜居程度、可持续能力也是名列前茅。

3. 我国的"智慧"

为规范和推动智慧城市的健康发展，我国住建部启动了国家智慧城市试点工作。经过地方城市申报、省级住房城乡建设部门初审、专家综合评审等程序，首批国家智慧城市试点共 90 个，其中地级市 37 个，区（县）50 个，镇 3 个。试点城市经过 3~5 年的创建期后，住建部将组织评估，对评估通过的试点城市（区、镇）进行评定，评定等级由低到高分为一星、二星和三星。《中国智慧城市发展水平评估报告》显示主要城市（区）的智慧城市发展水平如下：

领跑者：北京、上海、广州、深圳、宁波、南京、佛山、扬州、浦东新区、宁波杭州湾新区

追赶者：天津、武汉、无锡、大连、福州、杭州、成都、青岛、昆明、嘉定、莆田、江门、东莞、东营

准备者：重庆、沈阳、株洲、伊犁、江阳

表 2-1　我国智慧城市的"智慧"策略

智慧城市	智慧发展策略
北 京	《智能北京行动纲要》，包含智能交通、电子病历、远程医疗、智能家庭、电子商务等，希望 2015 年形成覆盖全市的物联基础网络
上 海	打造城市光网，发展 3G、WIFI 等多种技术的无线宽带，推动智能技术、云计算和物联网等新技术研发应用，加快三网融合
宁 波	建设现代化国际港口城市，以杭州湾新区作为建设智慧城市的试验区，提出"智慧新城"及"生态家园"的目标定位
佛 山	2015 年将佛山建设成战略性新兴产业聚集区、四化融合先行地，提出智慧服务基础设施十大重点工程，希望做到以信息化带动工业化、提升城市化及加快国际化
广 州	建设第一个"由政府主导、牵手营运商"的无线城市官方门户网站，推广市民、企业及社会各界高效便捷的无线宽带网络服务。
深 圳	国家三网融合试点城市之一，致力于完善智能基础设施、发展电子商务支撑体系、推动智能交通、培育智能产业基地。希望在 2012 年实现宽带无线网覆盖率 100%，组建华南地区的物联网认证中心
南 京	以智慧基础设施建设、智慧产业建设、智慧政府建设、智慧人文建设为突破口
沈 阳	希望由老工业城市转向生态城。与 IBM 合作，创新运用绿色科技和智慧技术，以互联网和物联网融合为基础，为生态城建设提供一套方法
昆 山	与 IBM 合作，实施"城市控管指挥中心、政府并联审批、城市节能减碳"等三大智慧城市软件解决方案，解决城市管理的现实问题

2.3.5　互联网新产品

1. 谷歌眼镜

谷歌眼镜（Google Project Glass）是谷歌公司于 2012 年研制的一款智能电子设备，具有网上冲浪、电话通信和读取文件的功能，可以代替智能手机和笔记本电脑的作用。

谷歌眼镜的外观类似一副环绕式眼镜，其镜片具有微型显示屏的功能。显示屏的控制依靠镜框处的"鼠标"，"鼠标"的移动仅需使用者稍稍侧倾脑袋，即这个操作系统是靠轻微的摇头晃脑来实现鼠标的滑动及按键功能。眼镜可将信息传送至镜片，并且允许穿戴用户通过声音进行控制。谷歌眼镜的佩戴者可以如戴着普通眼镜一样走路、写字，处理他们的日常事务。当他们想上网时，仅需头部轻晃一下。

图 2-16　谷歌眼镜

Google Calendar 查询并增加日程

Google Maps 指路

Google+ Hangouts 视频聊天

Gcogle+ 进行好友互动

拍照和摄影

谷歌眼镜
具有的功能

查询时间，查询天气

音乐播放

Google+ 信息流发送和接收

Google 搜索

Google Latitude 位置签到等

2. 智能手表

智能手表，是将手表内置智能化系统、搭载智能手机系统并连接于网络从而实现多功能，能同步手机中的电话、短信、邮件、照片、音乐等。某些智能手表已经上市销售，某些还处于样品测试阶段。这类产品主要适合消费者在不方便使用智能手机的情况下使用，比如正在骑自行车或是手上提满了东西的时候。到目前为止，智能手表已经可以与手机无线连接，为用户提供新消息提醒，并可以实现一定的上网功能。

智能手表的理念至少在 2000 年以前就已经出现了：微软 2003 年就推出了这样一款产品。很多公司当前已经开始销售这类产品，包括索尼、依靠众筹渠道发展起来的 Pebble 以及意大利公司 i'm。

（1）索尼"Smart Watch"

这款产品需要与索尼 Xperia 配套使用，同时还可兼容基于 2.1 及以上版本 Android 系统的大多数 Android 手机。这款智能手表配备了一块

图 2-17　Smart Watch

彩色触摸屏，原装腕带为黑色橡胶质腕带，另外还可选配 5 种不同形状的腕带。

Smart Watch 需要从智能手机接收信息，因此不能与智能手机相隔太远的距离。手表和智能手机之间的蓝牙无线通信距离大约为 30 英尺。没有声音功能，配备了震动提醒功能；没有输入功能，只能发送一些定制好的简单回复，比如"现在忙"等；使用的电子邮件程序为 Gmail，但不能在手表上阅读邮件的附件。Smart Watch 需要两个应用程序才能进行设置，即 LiveWare Manager 和 Smart Watch，这两款应用程序都可以从 Google Play 免费下载。大多数 Xperia 手机都预装了 LiveWare 程序。

（2）WIMM One

加州洛斯艾尔托斯一家名为 WIMM Labs 的公司也推出了一款类似的智能手表，产品名称为 WIMM One，该产品主要是为开发商设计的。

WIMM One 比索尼的 Smart Watch 稍大一些，内置了更强的处理器和两种无线通信功能——蓝牙和 WiFi，因此它可以通过家庭网络工作。WIMM One 充一次电可使用 30 小时。这款智能手表预装了六款应用程序，用户还可在 WIMM Micro App Store Beta 下载更多免费应用程序。

（3）智能手表 Pebble

美国的 Allerta 公司发布了一款全新的智能手表 Pebble，这是他们自 2009 年推出 InPulse 之后的第二款产品。

Pebble 的智能"卖点"在于，它可以通过蓝牙与 iPhone 或者安卓手机连通，只要有电话、短信进来，手表就会及时震动提醒，还能在上面查看邮件、天气和日程。

图 2-18　智能手表 Pebble

（4）谷歌智能手表

2012 年 10 月，谷歌就获得了一项关于带有上掀式显示屏的智能手表的专利。该款智能手表配备一款微型处理器，具有无线发射功能，可以收发信息。自带摄像头，可以拍摄视频，功能与谷歌眼镜类似。2013 年 1 月 25 日，美国科技博客网站 BusinessInsider 援引知情人士的说法称，谷歌正在考

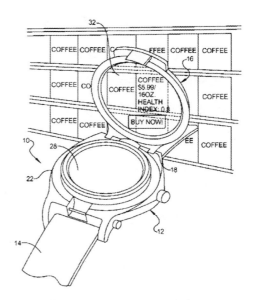

图 2-19　谷歌智能手表专利图

虑开发自家智能手表产品。准确点说，就是谷歌正在研究将智能手表推向市场的办法。出于多方面的原因，进军智能手表市场对谷歌来说意义重大。根据专利申请文件的描述，这款智能手表有一个翻式显示屏，可以提供导航信息、接受产品信息、显示邮件提醒等。

3. 电子地图

电子地图（英语：Electronic map），是利用计算机技术，以数字方式存储和查阅的地图。电子地图一般使用矢量式图像存储信息，地图比例可放大、缩小或旋转而不影响显示效果，早期使用位图式存储，地图比例不能放大或缩小，现代电子地图软件一般利用地理信息系统来储存和传送地图数据，也有其他的信息系统。

电子地图可以非常方便地对普通地图的内容进行任意形式的要素组合、拼接，形成新的地图。可以对电子地图进行任意比例尺、任意范围

的绘图输出。非常容易进行修改，缩短成图时间。可以很方便地与卫星图像、航空照片等其他信息源结合，生成新的图种。可以利用数字地图记录的信息，派生新的数据，如地图上以等高线表示地貌形态，但非专业人员很难看懂，利用电子地图的等高线和高程点可以生成数字高程模型，将地表起伏以数字形式表现出来，可以直观立体地表现地貌形态。这是普通地形图不可能达到的表现效果。

电子地图种类很多，如地形图、栅格地形图、遥感图像图、高程模型图、各种专题图等。目前，主要应用实例有 Google 地图、Yahoo！地图、OpenStreetMap、MapQuest、Naver 地图、SOSO 地图、百度地图、中原地图。

4. 人脸识别

人脸识别，特指利用分析比较人脸视觉特征信息进行身份鉴别的计算机技术。人脸识别的应用主要有：

门禁系统：受安全保护的地区可以通过人脸识别辨识试图进入者的身份。

摄像监视系统：在银行、机场、体育场、商场、超级市场等公共场所对人群进行监视，以达到身份识别的目的。例如在机场安装监视系统以防止恐怖分子登机。

网络应用：利用人脸识别辅助信用卡网络支付，以防止非信用卡的拥有者使用信用卡等。

学生考勤系统：香港及澳门的中小学已经开始将智能卡配合人脸识别来为学生进行每天的出席点名记录。

相机：新型的数码相机已内建人脸识别功能以辅助拍摄人物时对焦。

智能手机：解锁手机、识别使用者，如 Android4.0 及以上手机具有这种功能。

5. 语音识别

语音识别技术，也被称为自动语音识别（英语：Automatic Speech Recognition，ASR），其目标是将人类的语音中的词转换为计算机可读的输入，例如按键、二进制编码或者字符序列；与说话人识别及说话人确认不同，后者尝试识别或确认发出语音的说话人而不是其中所包含的词语。

语音识别技术的应用包括语音拨号、语音导航、室内设备控制、语音文档检索、简单的听写数据录入等。语音识别技术与其他自然语言处理技术如机器翻译及语音合成技术相结合，可以构建出更加复杂的应用，例如从语音到语音的翻译。语音识别技术所涉及的领域包括：信号处理、模式识别、概率论和信息论、发声机理和听觉机理、人工智能等。

6. 谷歌电视

2010 年 3 月 17 日，谷歌、英特尔和索尼宣布在联合开发一个"谷歌电视"（Google TV）平台，通过新一代电视和机顶盒将网络内容引入电视。就是在电视上插上网线，利用机顶盒处理电视视频、互联网等多种内容，向家庭用户提供多种服务，融合 PC、数字电视和互联网功能。谷歌宣布，谷歌电视将是上一个基于 Andriod 操作系统的开放平台，应用开发商可以像在手机平台上一样为消费者研发应用。通过谷歌电视这一平台，坐在电视前的用户得以轻松浏览网站，就像换频道一样便捷地在电视节目、搜索引擎、门户网站、微博和图片网站等网络间进行切换。

英特尔为之提供处理芯片，索尼希望通过这一平台探索新的业务领域，罗技将为谷歌电视生产无线键盘等外围设备。

7. 车联网

车联网，是指在车辆上装载电子标签，通过无线射频等识别技术，实现在网络平台上对所有车辆的属性和动态信息进行提取和有效利用，并根据不同的功能需求对所有车辆的运行状态进行有效的监管和提供综合服务。通过各道路、技术管理部门的沟通配合，将交通信号、摄像头、拥堵路段报告、天气情况等信息融合起来，实现汽车、道路，人的有机结合，真正形成车联网。

《2013~2017 年中国车联网行业市场前瞻与投资战略规划分析报告》统计，截至 2011 年末，全国已有超过 50 万辆新车预装车载信息服务终端。通用吉安星、丰田 G-Book 已分别在凯迪拉克 SLS 赛威、雷克萨斯 RX350、广汽丰田凯美瑞、一汽丰田皇冠等车型上装载。前瞻网预计，到 2015 年，将至少有 4000 万汽车将用移动互联网技术服务用户。

第 3 章
政务门户——塑造互联
网上政府新形象

3.1 电子政务——政务门户的服务对象

3.2 政府网站——电子政务的服务载体

3.3 智慧政务门户——政府网站发展进入大数据时代

　　20 世纪 90 年代后，随着国际互联网技术的迅速发展及在政府公共治理中的应用，电子政务、电子政府等一些新的概念也很快产生，其含义是指在政府内部办公自动化的基础上，利用计算机技术、通信技术和网络技术，建立起网络化的政府信息系统，并通过不同的信息服务设施，如网络、电脑以及电话等工具，为社会、企业以及公民个人提供政府信息和其他公共服务，打破传统政府治理受到的时间、空间的限制，改变政府治理方式。

3.1　电子政务——政务门户的服务对象

　　电子政务有助于：

　　政府职能转变。政府的主要职能在于：经济调节、市场监管、社会治理和公共服务。电子政务通过电子化、网络化实现这四大职能，从而提高政府部门依法行政的水平。电子政务建设有助于促进政府机构改革和职能转变，使之更加适应社会发展需要。

　　廉政与政务公开。实施电子政务之后，政府可以从网上不同的信息源中快速获得普遍性的群众意见和呼声，拉近了政府与百姓之间的距离。通过公开办事规则，规范办事流程，将服务与政府部门和科研、教育部门的各种资料、档案、数据库上网，让政府受到公众的监督，能有效地推进政务工作的公开与透明，有利于"公开、公平、公正"地处理公务。这将在很大程度上抑制腐败和徇私现象，增强社会对政府的信任，有利于社会的稳定。

　　提升办事效率。发展电子政务，是一种提高政府办公效率及综合服务能力的良好途径。行政管理的电子化和网络化，改变了传统政务高成本、低效率的粗放管理方式。通过先进生产力来解放管理能力，在降低管理成本的同时，提高了工作效率和质量。同时，方便快捷的网上沟通，可以实现无纸办公及远程办公。这一切，都意味着政府办公效率的提高。

推动科学决策。电子政务有助于提高行政决策的公开参与度，有助于增强公务员行政决策能力，有助于提高行政决策的质量。以"三个有助于"来推动行政管理的科学决策。

优化群众服务。电子政务通过政府公务活动的电子化，将政府办公流程向社会公开。公众可以通过互联网快捷方便、及时准确地了解到政府机构的组成、职能和办事规程，享有与公众相关的政策、法规和其他一些重要信息。

加强行业管理。发展电子政务，可以帮助政府将政府职能上网，充分地实行电子化、网络化，全面提升政府的管理效能，降低行政管理成本。

推进信息化建设。由于政府是信息资源的最大拥有者和应用者，因此发展电子政务也就成为社会信息化建设的中心环节。发展电子政务不仅可以极大地丰富网上信息资源，而且将提升社会信息化建设水平。

3.2　政府网站——电子政务的服务载体

政府网站，即一级政府在各部门的信息化建设基础上，建立起跨部门、综合的业务应用系统，使公民、企业与政府工作人员都能快速便捷地接入所有相关政府部门的政务信息与业务应用，并获得个性化的服务，

使合适的人能够在恰当的时间获得恰当的服务。信息公开、在线办事、
政民互动是政府网站的基本功能。

表 3-1　我国政府网站的三个发展阶段

阶段	时间段	特征描述	关注重点	标志节点
技术向导阶段	1999~2005	重点解决网站有无的问题，网站内容以宣传和发布为主	网站普及率、建站技术	央网上线，四级体系
内容向导阶段	2006~2012	重点解决内容多少、栏目完备的问题，三大功能定位明确，供给向导	三大功能服务内容的完整性、规范性	总体框架、测评体系
效果向导阶段	2012~	重点解决服务质量和效果问题，从供给到需求导向	关注用户体验	"十二五"规划

3.3　智慧政务门户——政府网站发展进入大数据时代

当前，"智慧城市"已成为信息化时代城市治理和社会发展的新模式、新形态。智慧城市的理念是充分运用信息和通信技术手段感测、分析、整合城市运行核心系统的各项关键信息。对包括民生、环保、公共安全、城市服务、工商业活动在内的各种需求做出智能的响应，为人类创造更美好的城市生活。智慧的城市离不开智慧的政府，作为智慧政府在互联网上的形象代表，智慧政府门户将成为智慧城市发展最为重要的组成部分。

3.3.1　基于大数据的智慧政府门户的内涵

"智慧"代表着对事物迅速、灵活、正确地理解和处理的能力。智慧

政府门户以用户需求为导向，通过实时透彻感知用户需求，做出快速反应，即时改进服务短板，主动为公众和企业提供便捷、精准、高效的服务，提升政府网上公共服务的能力和水平。其内涵包括：

第一，智慧政府门户的基础是大数据应用。对于政府公共服务而言，大数据之"大"，不仅仅在于其容量之大，类型之多，更为重要的意义在于用数据创造更大的公共价值，通过对海量网民访问数据的深度挖掘与多维剖析，使政府网上公共服务供给更加明确、便捷，更加贴近公众需求，从而使政府网上服务能力得到有效提升，形成政民融合、互动的互联网治理新格局。

第二，智慧政府门户的服务模式是以用户为导向的。政府网站是服务社会公众的重要平台，用户需求是网站服务供给的基本指向，智慧政府门户弥补了传统"供给导向"服务模式的弊端，开启了"需求导向"的服务新模式。

第三，智慧政府门户的核心是感知与响应。智慧政府与传统政府网站的根本区别在于智慧政府门户能够全面感知用户的多样化需求，并在了解需求的基础上做出针对性响应，实现供需之间的良性互动。这种感知有两个特点：一是基于实时数据分析，把以往的事后响应变为事前预测，实现对网民需求的实时感知和预判；二是通过对网民需求的多维度、多层次细分，把从面上的需求判断变为对需求细节的感知，从而确保提供的政府网上服务更加精准、更具个性化。

第四，智慧政府门户的根本目的是提高政府利用互联网治理社会的能力，构建互联网"善治"的新格局。通过智慧政府门户建设为公众提供更权威、丰富、易获取的权威信息，促进政府运行的法治化和透明化；通过为公众提供更优质、高效、个性化的公共服务，提升政府对公众需求的响应性和包容性；通过透彻感知互联网上发生的各类公共事件和公众诉求，及时做出响应和处理，体现政府治理的公共参与性和责任性，从而便于达成共识，获取更多公民的支持。

3.3.2　智慧政府门户的基本特征

智慧政府门户具备以下基本特征：

第一，实时透彻的需求感知。智慧政府门户能够实时、全面感知和预测公众所需的各类服务和信息，及时发现需求热点。

第二，快速持续的服务改进。智慧政府门户能够根据用户需求和实际体验准确定位服务短板，坚持"以用户为中心"改进网站服务。

第三，精准智能的服务供给。智慧政府门户能够根据用户需求精准地推送服务，为用户提供更加智能化的办事、便民服务。

3.3.3　智慧政府门户建设内容

智慧政府门户建设内容是实现"五个智慧"——智慧感知、智慧建站、智慧推送、智慧测评、智慧决策。其内在逻辑关系是：第一，从用户需求的角度出发，分析用户网上行为，获取用户需求；第二，从网站供给的角度出发，准确定位并及时补足网站栏目、功能、页面等方面的服务短板，有效弥补"用户需求"和"服务供给"之间的差距；第三，在感知用户需求和改进服务短板的基础上，提高网站服务响应能力，即时把网站信息和服务精准地推送给用户；第四，实时管理政府网站的服务绩效，确保网站始终朝着智慧政府门户方向发展；第五，通过对数据的整合集成，为相关领导科学决策提供可视化数据支持。

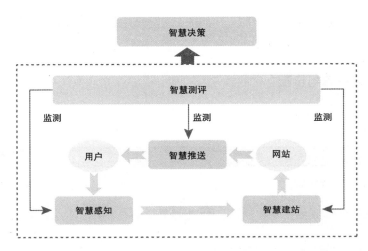

图 3-1　智慧政府门户的总体框架

案例　中国政府网网站改版智慧建设

一、建设背景

中华人民共和国中央人民政府门户网站（简称"中国政府网"，网址：www.gov.cn）由国务院办公厅牵头建设，是国务院和国务院各部门，以及各省、自治区、直辖市人民政府在国际互联网上发布政府信息和提供在线服务的综合平台。自 2006 年上线正式运行至今，中国政府网在国务院领导的高度重视以及各地方部门的大力支持下，服务内容不断丰富完善，并先后开通了微博、微信等全新互动服务平台。但在互联网日新月异的发展潮流面前，网站在全面了解公众需求、及时响应群众关切、有效传播政府信息、主动引导网络舆论等方面面临着全新挑战。为更好地适应互联网技术发展潮流和信息传播方式深刻变革，进一步发挥中国政府网依法公开政府信息、回应公众关切、正确引导舆情和改进政府服务的作用，自2013年起，中国政府网开始正式筹备网站改版智慧建设工作。

二、建设理念与步骤

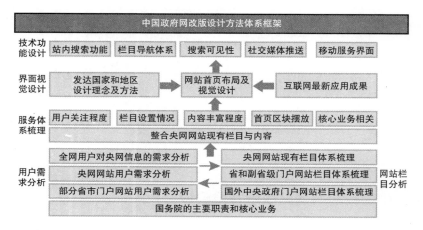

图3-2 中国政府网改版设计方法体系框架

（一）改版的基本原则和方向

基于中国政府网的功能定位，即政府权威信息的发布平台、回应社会关切的互动平台、网上公共服务的整合平台，中国政府网改版工作始终坚持以下原则：

一是充分借鉴发达国家设计理念和方法。充分借鉴了欧美电子政务发达国家政府网站服务界面设计领域最新研究成果，以及国外政府网站栏目体系设计规则，在中国政府网交互功能、界面风格等方面体现了国际前沿成果，与国际设计原则充分接轨。

二以用户需求视角重构服务体系。充分挖掘中国政府网、省级政府

国家	政府机构	新闻	服务-主题	服务-对象	政府文件	国家相关信息	社交网络	多媒体资源	财政预算	社会化分享	订阅信息	网站信息	一、二级栏目	联系信息
			网站首页（除底部外）							网站首页				
占比	100%	87.5%	81.3%		75%	68.8%	56.3%	50%	12.5%	68.8%	56.3%	50%	50%	43.8%
美国	●	●	●	●	●			●		●	●	●	●	●
加拿大	●	●	●	●	●		●			●	●	●	●	●
英国	●	●	●			●						●		
俄罗斯	●	●	●	●	●	●	●	●	●	●	●	●	●	
新加坡	●	●	●	●	●	●	●			●	●	●	●	
韩国	●	●	●	●	●	●	●			●	●	●	●	
德国	●	●	●		●	●		●		●		●		●
法国	●	●	●	●	●	●	●	●	●	●	●	●	●	●
澳大利亚	●	●	●	●	●	●		●		●	●	●	●	●
新西兰	●	●	●	●	●	●	●			●	●	●	●	
葡萄牙	●	●	●		●	●	●				●	●	●	
西班牙	●	●	●		●	●	●			●	●	●	●	
荷兰	●	●	●		●	●				●		●		●
爱尔兰	●	●	●	●	●	●	●	●		●	●	●		●
瑞典	●	●	●		●	●						●		
阿根廷	●	●	●		●	●	●	●		●	●	●	●	●

图 3-3　国外政府网站内容规律总结

表格展示了 16 家国外政府网站首页内容分析，可以看出国外政府网站内容以政府机构、新闻、服务、政府文件为主，有些国家在首页提供国家预算等重要信息；另外，国外政府网站底部内容也存在共性。

门户以及全网各类用户的服务需求，在全面梳理中国政府网现有服务栏目的基础上，结合网站用户实际需求，对网站栏目体系进行了整合与优化。

三是探索大数据指导改版的新模式。坚持用数据说话的决策模式，通过开展面向中国政府网和互联网全网用户的大数据挖掘，形成面向网站首页、栏目和具体页面改版优化的针对性建议，形成了科学有效的改版方案。

四是注重对网络生态圈的主动引导。充分发挥了中国政府网首发、原创、权威信息多的优势，通过同步开展针对搜索引擎、社交媒体等信息传播渠道的优化，提高了中国政府网信息资源的互联网传播效率和对社会关切热点的主动回应能力。

图 3-4　政府网站社交媒体分享插件

（二）基础性研究和保障工作进展

一是对近年来发达国家政府门户网站的改版情况进行了充分研究。重点分析了美国、加拿大、韩国等 16 个电子政务发达国家近年来网站改版的做法，借鉴这些国家政府网站在发展理念、服务体系、页面色调、新技术应用等方面的经验。通过调研发现，欧美发达国家近年来政府网站发展趋势具有很多共同特点。在界面风格上，欧美国家政府网站普遍朝向简约的方向发展，网站首页屏数一般在 2 屏左右，页面色调以蓝白灰等冷色调为主，普遍通过大图片的方式突出网站服务定位和视觉效果。在服务定位上，高度重视对政府机构介绍、领导人形象宣传、服务信息、政策文件、开放数据等内容的推送，重视对各种社会热点问题的主动回复。在技术功能上，高度重视站内智能搜索、搜索引擎可见性优化、移动终端自适应和社交媒体推送等新技术的应用。

二是全面分析了网民对中国政府网信息服务的需求。采集了互联网相关渠道上网民关于中国政府网服务需求的海量相关信息，包括新浪微博约 60 万条相关微博信息、百度搜索引擎提供的 3863 项百度指数数据和新浪、搜狐、新华网、人民网等 117 家新闻媒体网站中约 48.6 万篇相关新闻报道。在此基础上，综合运用话题识别、自动分类等自然语言处理技术，将互联网相关渠道用户的服务需求归纳为国务院领导、动态要闻、中国概况、政策文件、公共服务、民生热点、政府数据等几大类，拥有坚实的数据基础。

三是基于大数据技术深入研究网民访问中国政府网的规律和体验。通过在中国政府网全面部署"中国政务网站智能分析系统"，采集了两个月左右中国政府网用户访问行为的基础数据，对用户来源、点击流数据、技术环境、页面地址、表单提交、鼠标点击等用户行为数据进行了全面分析。同时，基于"中国政务网站智能分析云中心"采集的 1200 家全国政府网站的用户访问基础数据，进一步引入页面点击热力图、访问路径扩散图和热点探测等智能分析工具，对网民访问政府网站的一般行为规律进行了归纳总结。通过上述分析，重点梳理了网民关注热点，找到了中国政府网旧版网站存在的设计缺陷和技术短板，对症下药。

四是开展网站栏目体系和重要页面的设计工作。在全面了解网民访问需求和行为规律的基础上，充分借鉴发达国家政府网站的成功经验，对中国政府网栏目体系进行了重新梳理，设计了国务院、新闻、专题、政策、服务、问政、数据和国情等八个一级频道。按照突出国际化、人情味、中国风和创新性的设计原则，完成了中国政府网首页和重要栏目页的视觉设计和交互功能设计。

五是探索大数据支撑网站服务运维的长效机制。为充分发挥中国政府网回应社会关切、引导网络舆情的战略作用，新版中国政府网在运维过程中全面引入了大数据分析技术，借助对互联网信息传播渠道和网站用户访问行为的常态监测，帮助网站管理部门及时了解当前社会热点事件和群众关切的焦点话题，组织相关部门通过在线访谈、信息报送、专题约稿等多种方式进行回应，并通过搜索引擎可见性优化、社交媒体分享等各种技术手段在互联网上广泛传播。

三、智慧建站主要特点与创新点

中国政府网改版建站的特色可以基本概括为三个方面：

一是体现"亲和力"。在中国政府网改版规划设计的全过程中，将提升网站服务内容对社会公众的亲和力作为重要原则。着重从用户满意出发，对原有 24 个一级栏目的用户访问规律进行了深入分析，依据用户关注度和需求分类等进行重新编排，将整个栏目体系整合为 8 个一级栏目。通过这样的调整，用户查找信息和服务的便捷度有了明显提升，从而把中国政府网打造成为更具亲和力、更有特色的网站。同时，在服务内容上更加突出回应社会关切，新版网站增设了问政栏目，首次开通了回应关切、我向总理说句话等互动服务，从网站开通后的情况统计分析看，网民对这两个栏目反应热烈。

二是彰显"国际范"。网站的界面设计突出国际化、人性化。在页面结构设计上，为便于用户快速、准确地查找到信息，借鉴了国际通行做法，页面篇幅从三屏半缩减到两屏以内，同时在首屏增加滑动标签页功能，使得首页实际展示的内容远远超出原来的三屏，用户最多点击三次鼠标就可找到所需内容。在页面视觉设计上力求简洁、突出重点，网站配色以蓝白灰色调为主，在首页第一屏以大图片轮播方式重点展示热点新闻，使得网站既庄重、大气，又能够给用户鲜明的视觉体验，有助于彰显大国气质和亲民形象。

三是突出"智慧化"。通过大量运用互联网技术创新成果，大大提升新版中国政府网服务的主动化、智能化水平。在及时了解网民需求方面，通过采用大数据分析技术，形成互联网用户关切热点的自动识别和主动报送机制，有力保障回应关切、热点、关注等栏目的内容。在扩大信息传播渠道方面，网站在开通微博、微信的基础上，进一步针对主流搜索引擎进行技术优化，有力提升网站信息的互联网影响力；为政务信息分享专门开发了安全、可控的社交媒体分享软件，方便网民快速传播政府网站信息，提高网民关注政府信息的积极性。在方便用户查询信息方面，采用先进的查询技术，大大提高用户查找中国政府网信息的准确度和易用性。在适应用户接入终端多样化方面，新版网站逐步采用多终

图 3-5　新版中国政府网界面设计

图 3-6　政府网站社交媒体分享平台界面

端界面智能自适应技术，显著提高了手机、平板电脑等不同类型终端用户的可用性。

四、中国政府网改版的启示

中国政府网不但是中央政府在互联网上与社会公众互动交流的窗口，还应当承担起指导全国政府网站建设与发展的战略任务，是全国政府网站发展的引领者。从某种意义上说，中国政府网的全新改版升级，吹响了我国政府网上公共服务转型升级的"冲锋号"，我国政府网站已经处于一个全新的发展阶段，就是要从过去的"内容为王"进入"服务为王"的时代，提升群众满意度和互联网影响力成为未来政府网站服务改进与提升的主要方向。

从我国政府网站的长远发展看，进一步理顺全国政府网站管理体制机制更加必要与紧迫，应着手研究制订推进政府网站转型升级的中长期发展规划，通过开展行业培训、完善绩效评估机制、制订标准规范等多种手段，推动全国政府网站向智慧化、人性化的方向发展。应当在各级政府主管部门、网站运维机构、互联网企业、研究机构各方之间建立有效沟通协调机制，促进形成政府网上正面、权威信息在互联网上有效传播的合力，共同提升政府网站在发布权威信息、提供为民服务和引导社会舆论方面的战略作用。政府网站研究机构和建站技术公司应当充分认识到未来政府网站的技术发展潮流，主动承担起智慧政务门户的技术创新和产品创新的职责，加大产品转型升级力度，从而更好地满足大数据、云计算时代政府网站智慧化提升的技术需求。

第 4 章
网络问政——互联网时代的民主趋向

4.1 网络问政面面观

4.2 网络问政重要形式——政务微博

4.3 政务微博危机管理

　　2008 年 6 月 21 日，时任总书记的胡锦涛同志与网民进行了在线交流，此举起到了很大的示范作用。从此，"网络民意"被正式写入政府工作报告中，官员通过微博了解民意舆情，各级领导通过互联网直接与网民对话，一时间"网络问政"风暴席卷全国，2008 年甚至被称为"网络问政"元年。如果说在此之前政府在民意压力下一直处于被动的话，那么在 2008 年之后政府则是直接主动地通过互联网去了解和倾听民意，政府完成了由被动应对问题到主动迎接挑战的转变。网络问政对于政府来说，不是面对更多更强的民意压力，而是政府了解民意、汇聚民智的平台。

4.1　网络问政面面观

4.1.1　网络问政是什么？

　　网络问政就是指在现代高度发达的互联网技术之上，公民通过网络参与管理社会公共事务的活动。它有两层含义，即公民"问事于政府"，政府"问计于人民"。具体来说"问事于政府"，就是网民通过网络表达自己的利益诉求，从而充分行使法律赋予自己的政治权利。"问计于人民"，就是官员通过网络问政透明化行政事务、接受群众监督，了解舆情民意、汇聚民智，实现科学民主决策。从普通的官民网络互动，到一些公共突发事件的网络应急管理，都属于网络问政的范畴。以网络为载体的公民政治参与，是现代社会发展的必然趋势。与传统的公民政治参与相比较而言，网络问政更具便捷性和广泛性，体现了新时期民主政治的自由和平等的积极意义。

　　网络问政不仅是执政党的执政方式和民众参与政治方式的创新，也是中国新时期政治文明不可或缺的一部分，从长远来看，它必将对中国社会转型期的民主政治发展起到不可估量的作用。

4.1.2　网络问政为哪般？

　　网络问政对于我国民主政治的改革发展具有重大的意义。它作为现代民主的新形式，改变了我国舆论引导的模式，打破了原有的格局，使民意得到了充分的重视；促进了政府执政理念的转变，加速了我国政务公开进程，使政府更好地服务社会、服务人民。公民权利意识的觉醒，也带动了我国网络问政的发展。

1. 扩展了现代民主的新形式，改善了我国舆论引导的模式

　　博客、微博、论坛、网站、手机等所带来的问政形式的多样化改变了人们传统的思维方式和行为习惯，一方面强化了公民的民主意识和参与热情，拓宽了公民的政治参与空间；另一方面也转变了政府官员执政理念，改善了我国舆论引导模式。公民借助这种更为便捷、快速、互动的平台，广泛地参与到国家的政治和公共事务中来，有利于调节社会转型期的各种矛盾，增强民众参与意识。

　　网络问政的出现健全了我国民主制度、丰富了民主形式。这种民主形式的拓展，有力地保障了我国公民的知情权和参与权，让越来越多的人利用网络参与到我国政治文明建设上来。网络改变了广大受众被动接受的地位，打破了原有的格局，受众不但是信息的接受者，更是信息的反馈者。伴随网络的不断发展，舆论的主导权和主动权已经不再仅仅掌握在政府手里，网民的话语权得到了充分的行使。政府应当注重网络舆

论的搜集工作，把握舆论的发展走向，分析判断突发事件的级别和程度，合理引导网络舆论。

2. 促进政府执政理念的转变，提供建设服务型政府的载体

近年来，网络问政在我国得到了飞速的发展，为了适应其发展要求，政府部门应当积极转变工作作风，加强自身素质和服务能力。如今，互联网已经成为社会信息和舆论的主要载体，如何有效利用这一舆论场，更好地服务于社会，成为政府部门工作的另一个主要方面。

地方政府纷纷建立政府门户网站，开展电子信访、网上留言、信访回音等"在线办公"业务，扩大了公众咨询范围，完善了行政审批程序等功能。这些举措都表明了各级地方政府民主开放的姿态和以人为本的政治理念。

网络问政的持续有效开展，加速了我国政务公开进程，使政府执行力和公信力得到大幅提升。网络问政也是政府民主、科学决策的重要形式之一。在社会各种矛盾纷纷涌现的时期，网络问政搭建了一个政府与民众沟通的平台，一方面能有效缓解二者之间的紧张程度，拓展政府服务途径、范围；另一方面能使一些社会不满情绪得到释放，对于社会的稳定发展起到积极的作用。政府通过网络问政平台，定期发布一些涉及公众切身利益的部门和企业事业单位的相关通知、公告，方便广大人民群众及时获取信息、参与讨论。

3. 彰显公民权利意识，推动政治文明和法治文明发展

公民意识作为社会政治文化的重要组成部分，集中体现了公民对于社会政治系统以及各种政治问题的态度、倾向、情感和价值观。公民权利意识主要体现在四个方面：参与意识，监督意识，责任意识，法律意识。经过 30 多年的改革开放，我国逐步走向法治社会，市场经济体制进

一步健全。市场经济凸显的平等意识、维权意识等，使公民的法治意识得到进一步的提升。开放、平等、虚拟、互动的网络环境使公民可以自由发言、评论，网络问政的兴起促进了公民权利意识的觉醒，使公民的知情权、表达权、参与权和监督权很大程度上得以实现，其主体意识日益凸显，主体地位日渐形成。

纵观近年来发生的"李刚"、"李双江之子"、"表哥"等网络事件，网民已经开始意识到自身权利与公共政治事件有着密切的联系。这些事件从某些方面反映了社会存在的一些问题，网民为了自身利益和公共利益，通过网络自下而上发出声音、形成合力。公民权利意识与社会正义感在网络问政中得到觉醒，并且积极渗透到行动当中，展现出强大的生命力。公民权利意识的凸显也推动了我国政治文明、法治文明的发展。

4.1.3　网络问政的形式

传统问政形式的间接性导致问政低效、不畅通，民众参与热情不高，对政治生活冷漠。在网络社会崛起的今天，伴随网络运用而出现的网络问政形式迅速崛起，成为民意诉求、参政议政的主要途径。

1. 博客

博客，由英文"Blog"翻译而来，又称网络日志，是一种由个人管理，随时随地发表文章的开放的私人网络空间。其内容都是公开化的，供网民相互传阅。近年来，国内知名门户网站旗下都开有博客业务，博客的数量呈直线上升趋势，一些名人也相继开通自己的博客，公开发表博文，引起社会热议。如韩寒的博客，每天的点击量超过几万人次，他针对社会存在的一些热点事件发表独特的看法，网民可以随意浏览，同时发表自己的观点。这种互动性极强的工具迎合了当前的时代发展趋势，展现出了强大的生命力。

博客成为网络问政的一种形式有两个原因：一是网民可以通过博客获取更为全面的信息；二是我国公民需要借助网络平台进行意愿表达。博客分为个人博客和政治博客两大类。政治博客具有强烈的政治色彩，国家选定的新闻发言人通过博客发表有关国家政策法规等的内容，集文章、评价及网友跟进于一体，表达政治见解，参政议政，影响国家政治生活，是一个自由的思想领地。

"草根"政治博客，是由普通网民所撰写的博客，这些网民关注国家政治生活，热衷参与，通过自己的博客发表政治言论，进而影响政治发展。2008年8月1日山西娄烦山体滑坡后，当地媒体隐瞒事实，把它定性为自然事故。但记者孙春龙通过深入调查，发现事实的真相后，在自己的博客上写了一篇关于此次事故的报道，为许多网站转载，引起了社会的广泛关注，影响了事件走向，还给大众一个真相。

近几年的"两会"期间，许多记者、主持人、人大、政协委员通过实名认证开通博客，针对"两会"内容发表文章，与网友分享心得。这些"两会"博客，实现了与广大网民的深度交流，让人们更广泛地参与到政治上来。继草根博客、名人博客得到极大认可后，相关政府部门官员也加入博客阵营，在线与网友沟通交流、平等互动，缩小了官员和民众的距离。

2. 微博

微博，是近年来迅速发展的一种即时信息平台，网民可以随意发布140字的信息，与周围的好友共同分享。微博简单、迅捷、互动性强，不仅可以发布文字，也可以发布视频、图片，可突破时间、地点的束缚以达到即时互动，符合当前网民快节奏的生活需求。微博问政是在博客问政的基础上发展起来的新型网络问政方式，是中国民主政治信息化表达的一种创新。许多热点话题都是先由微博发端，再由媒体介入，进而引起社会各界的关注热议，相关内容通过微博滚动即时传播，更加深刻地体现了互联网与政治的融合。

2010 年政府开始试水微博，官员及政府机构的加入，使得网络问政大放异彩。2011 年微博问政更为活跃，800 余家公安微博联动直播了春运安保工作进展，引起了网民强烈反响；网民自主发起的"随手拍解救行乞儿童"活动引发公安部门迅速行动，并开通微博打拐；全国人大代表李东生从微博征集两会议案，被誉为"微代表"。

"两会"问政于民，问计于民。2010 年全国"两会"期间，新华社在新浪网开通微博，为广大网民记录报道"两会"上的精彩瞬间。由《羊城晚报》与新浪网、金羊网合作推出的"两会微博"，短短 6 天就有超过 1.2 万网友关注并发表评论。微博问政拉近了"两会"与网民的距离，是民主政治信息化的一种创新表达。2010 年 2 月 24 日广东省公安部门陆续集体开通微博，通过微博及时播报警情及重大案件，与市民零距离接触。2013 年，香港政府新闻网在国内新浪门户网站开通政务微博，以便内地了解香港的最新动态。如菲律宾发生严重人质挟持事件后，8 月 23 日晚 9 时 57 分，香港政府新闻网在微博上发出相关消息。之后，此事的最新动态消息又陆续在微博上发布。从 23 日到 25 日，香港政府新闻网共发出 18 条微博，转发和评论的人数最多时达到了上千次。据人民网舆情监测室发布的 2013 年度新浪政务微博报告指出，截至 2013 年 10 月底，新浪平台上的政务微博有 100151 个，其中包括机构微博 66830 个，公职人员微博 33321 个。相比上年同期增长 4 万余个，增长率超过 60%，保持了较快的发展速度。

政府推出政务微博，一方面可以及时发布工作动态，拉近与网民的距离；另一方面也拓展了政府工作方式，提高了官员应对能力。通过微博这个便利的平台加强信息公开、推动公众参与，可实现政民零距离互动。

3. 政府门户网站

政府门户网站是网络问政的主要途径之一，政府通过网络门户平台向社会提供优质和全方位的服务，使其工作流程规范而透明地在公民的监督下运行，在构建政府和公众之间的对话桥梁方面具有独特的优势。政府门户网站除了具有政务公开功能外，还开设面向公众的交互性服务，如信箱服务、网上民意调查、在线调查等多个板块，公民可以在这里随时发表意见，也能建言献策。

图 4-1 新版中国中央人民政府网站网络问政栏目

以 2014 年 2 月 28 日上线的新版中央人民政府网站为例，新版中国中央人民政府网共设有国务院、新闻、专题、政策、服务、问政、数据、国情等八大栏目内容。通过该政府网站，进行政务公开，公布政府施政信息。新版中国中央人民政府网在运维过程中全面引入了大数据分析技术，借助对互联网信息传播渠道和网站用户访问行为的常态监测，帮助网站管理部门及时了解当前社会热点事件和群众关切的焦点话题，组织相关部门通过在线访谈、信息报送、专题约稿等多种方式进行回应。

4.2　网络问政重要形式——政务微博

2011 年堪称中国的"政务微博元年"，政务微博进入了爆发式发展阶段，在短时间内成为网络问政的平台和重要渠道，在社会管理创新、政府信息公开、新闻舆论引导、倾听民众呼声、树立政府形象等方面起到了积极的作用。

4.2.1　政务微博的功能定位

目前，政务微博的功能定位大致可以分为三种：一是信息发布和宣传功能，以机构及其活动信息的宣传为主要目的，并借此提升部门形象和影响力；二是服务功能，平时以发布常态化的服务信息为主，在应急情况下，可进行突发状况报道和提供应急服务；三是互动功能，将微博作为一个互动平台，增强与公众之间的交流。目前，政务微博的功能定位大多是综合性的，但主要集中于提供服务或相关信息，互动较少，也相对较为被动。

政务微博的服务对象主要可以从地域和行业两方面来划分。从地域角度看，有些部门的主要服务对象是本地人群，而另一些部门则面向全国；从行业角度看，专业性较强的政务微博所针对的服务对象的范围较为固定和有限。在确定政务微博的目标主体时存在一些矛盾和问题：一是目标难以把握，服务对象和微博群体不能良好匹配，比如一位煤气系统的微博管理员提到"上微博的不会做饭，做饭的不用微博"；二是受限于数字鸿沟，覆盖不够全面。

4.2.2　政务微博的管理架构

当前，政务微博都由单位内的相关部门负责运营，尚未发现有机构设立专门的微博管理部门。微博管理机构的运作大致可分为三种模式：

第一种是由单一部门负责运作。通常情况下由宣传部门、办公室、团委或者相关业务部门负责管理。

第二种是分为领导、管理和信息搜集的三级体系。有管理员提到"领导决策层面在党办，下面的信息来源是运营管理中心"，而中间层则负责具体运作和管理。也有一些部门简化了层级，只设置领导和运营两级，将管理和信息搜集工作合并。

第三种是多部门在同一层面上分工合作。有负责人表示："团委管理日常运营……宣传处、合作交流处是行业新闻的发布途径；办公室是系统新闻的发布途径；指挥中心则是应急的。"

4.2.3　政务微博的人员配置

在人员配备上，政务微博操作人员大多是兼职或者从其他部门临时调配的。对于人员选择，有些机构的领导选择"让喜欢的人干喜欢的事情"，通过挖掘那些熟悉微博运营的人员，也即俗称的"微博控"来管理政务微博；有些机构在选择负责人时会"特意去选业务突出的人"，但也存在被领导"硬拖进来"的情形。

在人员能力建设方面，目前，政务微博的管理人员还缺乏足够的管理经验，尚处在摸索阶段。尤其是一线操作人员在互动能力上有所欠缺。一个政务微博账号代表一个机构，但微博管理人员的知识、技能、经验却无法涵盖整个机构的业务，因而在与广大网民的互动过程中会有些招架不住，亟待得到专业培训。

4.2.4　政务微博的机制建设

1. 日常运行机制

绝大多数政府部门目前主要通过兼职和专职轮岗两种形式来安排现有人员负责微博的日常管理和运营。这样的运营维护模式主要存在三方面的问题：一是一些管理人员原本工作量已经很大，再要兼顾微博，精力上难以兼顾；二是轮岗人员之间即使有交接班，很多经验和技巧也无法在短时间内传授；三是政务微博是否也"朝九晚五，做五休二"？有的管理员表达了困惑："我现在担心一个问题，周六周日没人值班。而且每天六点下班后也没人看着微博了。可能我自己还会去关心一下，看到什么信息去登录更新一下，但是信息员不管了。我们这两天休假，是没有消息的。感觉好像有点不太合情理。但是我们这个行业比较忙，如果让信息员周六周日也工作，精力上做不到。"

2. 信息采集机制

当前，政务微博的信息采集主要分为三种情况：一是信息来源于机构的信息员；二是信息来源于下属的各个部门，如有操作人员表示"每个处室、各个事业单位、行业的各个企业都提供信息"，当信息不足时，有些部门会进行约稿；三是无信息采集的相关制度，不主动采集信息，处在"有信息就发，没信息就不发"的状态。

3. 审核发布机制

微博即时、快捷的特征与政府对信息准确、可靠的要求之间也有矛盾。传统的审核和发布流程虽然能够确保信息质量，却极大地降低了政务微博的回应速度，也在很大程度上限制了一线运营人员的能动性。一些部门的微博管理人员就指出："审核流程方面也存在矛盾。如果每条微博按照流程审核，时效性不强，导致大家不得不用官方语言去回应。""不能随意发布信息，审核机制捆住了手脚，必须一层一层完成审批。""现在政府都是走流程的，事情来了以后，要找责任单位，找好以后了解情况，4 个小时的黄金时间已经过去了。"

有些单位已在这些方面总结出了一些行之有效的应对方法，从而能在信息质量和时效性之间达成平衡。一种较为系统的方法是按照内容的紧急程度和重要性，对发布的信息进行分类，分别设置不同的审批流程；另一种更为变通的方法是充分授权给一线人员，或采用"默认审批"。有负责人提出："操作员把情况发到我手机上，我同步了解，我觉得有必要的就接，一般情况不接，给予操作员一定的自主权。"

4. 舆情监测机制

有些部门建立专门的舆情监测机制。有些微博管理人员介绍："关注热点的东西，每天汇报一次。分两种形式，一种是比较详细的报表式的每日一篇，对好的东西会批注，对负面的、当天看到的情况如果已经有回应，就汇报相关单位回应到什么程度，是如何进行解释的，媒体是否接受了，网友的接受度怎样；另一种是简报，讲究短平快，甚至还有专报。"

5. 安全保障机制

信息安全保障机制主要包含三方面的内容：一是微博账户的真实性，研究中曾发现有些未经认证的微博假冒政府名义发布信息。二是政务微博账户的安全性。若经过认证的政务微博被黑客攻破并散布谣言，将造成极大的不良影响。为此，有些部门在设密码时十分慎重，"我们所设密码很复杂，有大小写、英文、数字，很难被破译。而且我们的三个平台的用户名、密码都不一样，比较安全"。但也有些部门在设置密码时比较随意。三是发布信息内容的安全性，即是否涉及泄密。有负责人表示："我们对内部信息安全的管理要求会更高一些，在信息发布方面比较谨慎小心，不敢把很多信息发出去。"

6. 绩效评估机制

政务微博还是新生事物，缺乏相应的有效评估手段。有些部门的领导表示就"顺其自然"，不强求粉丝数量，能达到服务的目的就好。但也有一些微博管理员感叹来自领导对粉丝数量要求的压力："我们这种新成立的微博肯定不能跟有 60 万（粉丝）的比。但是领导开完会，总会带回来他们的经验和精神，要求就很高，希望能追上那些关注度高的部门的微博，让我们感觉自我压力很大。粉丝数虽然不是唯一的标准，但是在领导眼里是最容易量化的标准。"

4.2.5　政务微博的命名与发布

目前，政务微博的命名主要有两种现象。一是走权威正式路线，即微博名称与机构名称一致或基本一致，上海交通港口局的微博名称为"交通港航"，中国航海博物馆微博主号为"中国航海博物馆"等；二是走更为人性化的路线，如城市道路管理的微博名称为"乐行上海"，公厕环卫称"听雨轩",绿化市容局则定名"花前树下"。

政务微博的发布内容主要由各部门的业务范围和微博的功能定位所决定。但若政务微博功能定位不明确,则会造成管理员在具体发布内容的选择上产生困扰。在发布内容的挖掘上,一些部门积极拓展,试图将政务微博建设得更为立体鲜活;也有些政务微博仅仅对付了事,只求不犯错。"根据领导要求,每天保证 1~2 条的发布量,具体发布内容基本上由自己决定。由于另外还有自己的本职工作,所以在微博内容选择上花费的时间也很少,找点不犯错误的东西发了就行"。

面对应急情形下的信息发布,快速和准确是两个最基本也是最关键的要求。有管理员提到,出了紧急情况"要第一时间持续不断发布信息,以我(指政务微博)为主发布信息。反应一定要快,最准确的消息一定要马上发出来,不然网上会越吵越乱"。在敏感问题上,很多部门刻意避免了一些处在"风口浪尖"的话题,表示要以稳妥为主,不会在政务微博上主动提及,但也不隐瞒,而是建议网友通过官网等其他途径获取相关信息。

4.2.6 政务微博的语言风格

长期以来,官方体系的基本语言风格讲究权威、正式,但缺少政民间的平等互动。如何使"官方微博"以更亲民的方式体现,有些部门的做法是"日常运营实时数据采用模板发布,严控出格语言";而一些更为专业的部门通常会尝试"多用图片方式,文字说不清的问题,尽量用实物"。

政务微博如何把握语言的"尺度"是个普遍性的困扰。就现有的经验来看,大家普遍觉得"平时要卖萌一点,这样你的形象会比较可爱,人家会把你当成活生生的人"，但遇到突发事件或比较严肃的事件，微博"这个时候就是公告板，把最直接的信息给大家就可以了"。

4.2.7　政务微博的有效互动

相比传统媒体，微博对互动的要求很高，这也给政府部门开设微博带来了不小的压力。从访谈中我们发现，少数微博互动较多，也积累了一定的经验，有政务微博就曾通过互动将质疑者转化为支持者。但更为普遍的情况是互动较少，回应不多。政务微博的管理员表达了他们的困惑和为难之处。有些粉丝将政务微博作为一种投诉上访的渠道。针对这一情况，目前主要有两种应对策略：面对较易处理的问题可以直接回复或解决；碰到棘手问题就建议网民走信访渠道，或通过政府热线反映问题。

也有一些政务微博反映网民和政府部门对互动的需求都不大，因这些部门的业务并非社会问题方面的，各方面的关注度都不高，网友互动的意愿不强，加之这些部门多以服务或宣传为定位，互动并不是其开设微博的主要功能，因而部门不会主动发起互动类话题。

面对网友普遍比较关注的删帖问题，各部门在处理时都较为谨慎。访谈发现，各部门对网友有质疑的、发泄不满的帖子一般都不删除，有些还会反映到上层，作为对舆情的一种监测。很多管理员说："对于投诉我们轻易不删，过激的语言也轻易不删，因为网民情绪已经很不好了，让他们适当发泄一下也应该。如果硬删的话，可能会激起矛盾。"

4.2.8　政务微博运营的对策建议

1. 战略层面

政府机构应对政务微博有清晰定位，并明确其开设微博的目的和意义。通过了解民众所关心的问题和需求，结合自身特色，找到部门政务微博的工作重心，确定服务范围，并确保整个政务微博的运作都围绕定位进行。政务微博应根据需要开设。若服务对象基本不属于微博用户群体，则应更多考虑通过其他方式提供服务和信息，政府部门不应为开微博而开微博，使其成为一种摆设。但随着微博群体的壮大和服务对象的迁移，微博这一平台在将来会发挥更大的作用，各部门也不宜轻易放弃这一领域。

2. 管理层面

各部门应尽快建立起完善的政务微博管理架构，明确领导决策、运营管理、信息提供三个层面的职能，结合功能定位，选择在经验和能力上与政务微博管理最符合的一个部门或多个部门来负责微博运营。领导干部应具备正确的微博意识，落实好人、财、物。应对各级领导干部进行培训，使他们能真正了解政务微博的特性、作用与意义，并将政务微博有机融入部门的日常工作之中。

有条件的部门应考虑安排专人专职负责微博的日常管理与运营，避免语言风格、应对能力等方面的巨大差异。若尚无条件，可考虑固定人员兼职或轮岗人员专职等方式，保持微博日常管理团队的稳定性。应加强对政务微博管理人员的专业培训，推动微博管理人员的专业化，并注重发掘和培养年轻人来进行政务微博的管理工作。

政务微博合理的日常运营管理开支，包括软硬件投入、日常运营费用、通信费用、培训交流费用、人员开支等，应纳入预算管理，设立专项资金，以确保管理工作的持续性。

各部门应逐步建立和完善相应的政务微博配套制度和机制，包括信息采集、审批发布、运营维护、舆情监测、绩效评估等，以规范政务微博的日常管理和运营。应完善信息采集机制，开辟主动获取信息的渠道，扩大信息搜集范围；优化传统信息审核与发布流程，对信息进行分类，在审核程序上区别对待，并做好应急预案；运营维护应以常态化建设为目标，确保在微博高度活跃的时间段内管理人员能落实到位；建立舆情监测和反馈机制，了解舆论走向和热点情况，随时准备应对网友的疑问；设定合理的绩效评估手段，须结合部门特点和发展状况开展评估工作，不能单纯以粉丝量或简单的横向比较来评判政务微博管理人员工作的优劣。要完善安全保障机制，建立相应的规章制度：一是在设立微博时同步完成认证，以防有人冒用政府名义发布虚假信息；二是在设置密码时不应过于简单或随意，尽可能主动提高安全系数；三是在部门内部应明确各类信息的保密程度，哪些可以公开发布，哪些不能公开发布。

要逐步完善政务微博体系建设，提升微博互动质量。政务微博的体系建设涉及部门内、系统内和跨系统三个层面。在开设初期，为吸引粉丝关注，激励内部管理的积极性和相互沟通，可动员内部工作人员多对机构主微博账号进行关注、评论和转发，以扩大影响力，完成自身体系建设。在运营一段时间后，就应融入整个政务微博的大体系，实现系统内外相关信息同步共享，相关行动协调配合，这既可节约资源，也有助于提高政府的行政效率。同时，重视在不同政务微博之间转发粉丝的建议或诉求，使问题切实落实到相关部门，亦可提升政务微博的互动质量。

3. 操作层面

在选择微博平台时各部门应进行综合考量，选择最符合其功能定位、服务范围、阶段性目标的平台开设政务微博。政务微博代表政府，其命名也应当在规范和活泼之间寻求平衡，方便公众识别微博所代表的政府部门的名称和所属级别，这也有助于整个政务微博群的建设。政务微博的内容应紧扣功能定位，积极拓展发布深度和广度，打造立体鲜活的政府平台。应急状态下，发布要做到快速准确，遵循从概括到具体、从现象到原因、从定性到定量的发布顺序。面对敏感话题，政务微博不能一味避而不谈，甚至删帖，可逐步引导网民更为理性或更为建设性地看待敏感问题。

一线操作人员在发布信息和与粉丝互动的过程中要把握好语言的"尺度"，不能过于刻板严肃，也不能有过于轻浮的感觉。严肃问题严肃对待，应力求用最简洁的文字将事情交代清楚，尤其是在应急情况下；较为轻松的话题则可以用较为活泼幽默的语言去应对；文字过于生硬或无法解释清楚的，可以多配一些图表。

政务微博与网民之间的互动十分重要，但不应该成为对政务微博的一个强制性的要求，而应视其功能定位和实际需求而定。若网友和部门双方均无互动需求的，不应强求与网民互动；若双方确有需求，则部门一方面应挖掘人才和培训、提高操作人员的互动能力，另一方面应完善制度和体系建设，使信息能有效流通，以提高互动质量。

从短期来说，政府部门应重视宣传推广活动，通过举办线下活动、与传统媒体开展合作、向微博平台寻求支持等方式提升政务微博的关注度，提高网民参与互动的积极性。从长远计，政务微博应将重心放在做好信息发布、公共服务、政民互动、了解社情民意等工作上，良好的服务就是最好的宣传。

微博传播迅速但受限于篇幅，传统媒体更细致权威但受制于程序。政府部门应充分运用这两种媒体的特性，扬长避短，取长补短，可以利用微博快捷的特点加快传播速度并迅速扩大影响范围，通过传统媒体的报道提高权威性并进行深度剖析。需要注意的是两者应相互协调、步调一致，从而避免相互拖累的情况产生。

4.3　政务微博危机管理

4.3.1　政务微博在危机管理中的作用

1. 危机预警

微博的开放、简易、低成本等特性大大降低了公众进入虚拟世界的门槛，使大量公众可使用电脑和手机等，通过微博平台随时随地点评时事，表达诉求和参政议政。在平时工作中，政府可通过密切关注微博，及时了解真实的社情民意和公众诉求，了解舆情，并及时采取措施予以化解和应对，从而防患于未然；在危机发生以后，还可通过微博密切关注舆情，了解公众意见与反馈，提高危机管理的及时性、针对性和满意度。一位微博管理员道："我们会注意观察，留意各种敏感信息"，"我会把爆料的内容向相关政府部门报告，有舆情监测的功能在。"

2. 危机信息发布与应急服务

许多微博管理人员在研究中指出，微博作为一种自媒体，其直接性、即时性、简便性等特点使政府可越过中介环节，直接利用微博发布原创、即时、有针对性的危机信息。传统的政府信息发布主要通过电视广播或报纸、杂志等传统媒体；随着互联网的发展，虽然政府门户网站也成为政府发布信息的一大渠道，但这些渠道的信息发布都需要经过复杂的内部外部流程，并经过中介媒体的再加工，一定程度上可能造成信息公布的滞后和失真。而在危机应对中，微博极高的信息发布速度和转发功能，使政府的信息能得到快速传播，其传播速度远高于传统媒体，从而有助于政府发布应急信息、提供应急服务、迅速澄清事实、缓解社会恐慌和安抚民众情绪。例如，一位微博管理者就指出："过去，我们需要开个新闻发布会来澄清来解释，但我们不能每件小事都开一个发布会，而微博使我们可以随时发言"，"遇到应急的事情时我们要像擎天柱，及时到位，而且要有效应对。"

3. 危机中的政民互动

此外，作为新兴的社会化媒体，微博的评论、回复、转发、定位递送等功能使普通网民不仅是信息的获取者，也是信息的制造者和传播者，而微博的互动性和互通性也使得政府与公众可以在同一个平台上开展互动，从而使政府部门在危机事件中充分利用这一平台及时有效地解答公民的疑问，澄清事实，缓解社会恐慌，安抚民众情绪，拉近政府和公众的距离。

有一位微博管理者描述了他与网友通过微博进行危机沟通的结果："那天我在微博上，与那两个老兄，你一段我一段，来了这么十几段后发得我手指都酸了，总算把他们思想摆平，发完之后，有一个网友成为我的好朋友，有什么事情都会 @ 我。"

4. 政府部门间的应急联动

政务微博对于提高政府内部的应急联动能力也能起到重要作用。政务微博之间通过互相关注、评论和转发，或建立微博群，有助于加强政府内部，尤其是互为分隔的横向部门之间的及时沟通与交流，有助于推动政府内部实现纵向跨层级、横向跨部门的协同与联动。一位微博管理员举例说明："今天有一个乘客说 2 号线和 10 号线做了一个防止游客对冲的走向标，但是它做的时候把盲道给盖掉了，我们就 @ 了我们的二运、二运马上派站长去现场调研改善。有点类似于内部办公了，我们直接通过微博转过去了。"

4.3.2　政务微博危机管理的主要问题与挑战

然而，目前政务微博在危机管理中也面临着许多问题与挑战，影响了政务微博在应急管理中充分发挥作用。

1. 管理体制机制缺失

作为一种新兴技术工具和管理创新手段，目前政务微博在运行过程中尚缺乏有效的管理体制机制。许多部门尚未建立起完善的政务微博管理架构，管理职责模糊，分工不明确，也未能充分调动各部门的积极性进行协调配合，无法为政务微博的运行提供有力保障，影响了政务微博在应急管理中充分发挥作用。

在研究中尚未发现有专职人员负责微博的日常运营，大多数部门的政务微博核心管理团队构成人数不等，多的有十余人，少的则只有 1 人，主要有兼职和轮岗两种形式。大多数部门由现有工作人员兼职管理微博。也有一些部门实行轮岗制度，定期轮换，在轮岗期间，该微博管理员基本不再承担其他工作。然而，微博管理员定期轮岗，其所积累的经验可能无法传授给接班人员，而新的接班人员又需要自己重新摸索和积累经验，不同的微博管理员风格也不尽相同。因此，轮岗制度也会影响到政务微博管理的常态化、规范性和稳定性。

2. 内容审核流程滞后

政务微博作为新生事物仍受到传统内容审核流程的制约。一些政务微博在信息发布和回应反馈上仍沿用过去的审批流程和管理方式，凡事都需经过层层审批，程序烦琐冗长，造成政务微博信息滞后或回应过慢，无法发挥微博应急管理的时效性，错失危机应对的"黄金时期"。

一些部门指出，"不能随意发出内容，审核机制捆住了手脚，必须一层一层的"，"如果每条微博都按照流程审核后再发，时效性不够"，"现在政府都是走流程的，事情来了以后，要找责任单位，找好以后落实了解情况，4 个小时的黄金时间已经过去了"，"网上的监督压力蛮大的，微博信息显示几点几分，如果你拖很长时间没有回复是很明显的"。一些领导对微博管理的特性和规律尚缺乏全面透彻的认识，仍按老办法管理微博，给微博一线管理人员带来很多困惑和干扰。一位微博管理员指出："目前负责的领导不懂，原先有什么信息随便发，大的领导说只有关键信息通过我就行了，其他自由发，那时候做得很滋润。后来他调了部门，上面又来了一个科长，任何信息都要他过目，感觉发微博如同发稿一样，每天早编会晚编会，这就麻烦了。"这位管理员进一步提出："很希望实行半自由的内容审核，事关原则的内容要领导过目，一般性的内容如外网上比较好的信息或普通的气象信息等就应该自由发。"

3. 管理人员危机应对能力弱

微博具有传播广、受众多的特点，政府部门在开设政务微博后可能遭到来自网民和意见领袖的质疑甚至攻击，对政府的权威造成挑战。一些公务员担忧，中国目前在网络上的言论相对自由，并且缺乏完善的监管体制，政务微博可能会因其巨大的影响力而被一些人恶意利用。一位公务员说："政务微博有可能被利益诉求者利用，从而产生不和谐因素。还有可能成为利益受损群体的泄愤窗口，政务微博很可能会遭到恶意评论，从而对政府形象产生不良影响。"受访人员在讨论中还指出"微博实时播报的方式门槛低，又缺少审核机制，极易陷入真假难辨的境地，而且可能会有一些专职或兼职的网络水军，推波助澜"，从而给政务微博带来风险。一些受访人特别强调，目前中国政府公信力正面临巨大考验，公众对政府的认可度普遍下降，对于政务微博发布的内容，"公众会持怀疑的态度或是以看笑话的心态来对待"。这样，政务微博不仅难以发挥作用，"反而可能成为公众的笑料，对政府来说无疑得不偿失"。

与此同时，目前微博管理人员对于利用政务微博应对危机还缺乏足够的经验和管理能力，还在不断摸索的过程中。例如，通过政务微博在与公众进行互动时，经常会涉及一些相关领域的专业问题，这对于政务微博日常管理人员而言是一大考验。一些微博管理员由于相关知识的匮乏，无法有效地解决每个问题，一旦回复的内容不够准确或者全面，或是将问题置于一旁不作答，就可能引来公众的非议，或无法满足公众的信息需求。一位微博管理员道："我们管理员并不都具有话题敏感性，不是炒作高手，不知道该怎么回答。"对于语言风格的把握也存在很多疑问，"太正式也不对，太不正式也不对，人家会说你娱乐化，真的有问题的话，140 个字又没法解答"。许多微博管理员都提出："希望能够定期对操作人员进行一些如何应对突发事情的培训，加强对兼职微博人员的培训，使微博管理人员的综合能力和素质得到提高。"还有许多部门反映，目前一些管理人员原本工作量已经很大，再要兼顾微博，常常力不从心。加之微博存在其特殊性，微博的留言高峰主要分为三个时段，分别为早上上班前的半个小时、中午午休和晚上，这就造成了部分公务员经常超时工作，但难以做到随时管理和回应微博。有些部门提出："我们办公室一共只有 6 个人，要兼顾所有的工作，只能让一人去兼职，渐渐感到力不从心，但组建一个团队也不太现实。"

4. 信息与账户安全威胁

通过政务微博发布应急信息涉及信息的安全性与保密性，一些部门领导在处理信息公开与信息安全的平衡时，更倾向于采取谨慎态度。一位微博管理人员提出："内部信息安全的管理要求会更高一些，在保证信息安全的同时，尽量能让内部信息发出，把一些便民、服务性的信息提供出去。领导对这方面也比较谨慎，因为一些外媒很容易把我们的信息发出去。"

另外，信息安全也经常成为政务微博选择性发布信息的借口，一位政府公务员就指出："政府将对其有利的信息进行发布，负面信息以涉密为由而不予发布。"这样，政务微博就成了政府机关展示政绩的"光荣榜"了，而失去了信息发布的全面性和及时性。

目前，网络黑客防不胜防，政务微博也遭遇同样的问题，尽管新浪、腾讯等微博平台声称将保证政务微博的账户安全，但不可避免还是会遭到恶意入侵，账号安全难以得到保证。前段时间就出现大连某政府机关微博被盗号的事件。此外，也有受访人担心，政务微博是基于第三方平台而开设的，平台运作时的不慎可能会导致系统崩溃，造成难以估计的后果。

5. 部门微博之间缺乏沟通与协同机制

政务微博之间相互沟通协同，有利于提高政府内部的应急联动能力。然而，出于能力或利益方面的原因，目前许多相关部门的微博之间互不提供信息，缺乏信息沟通和业务协同，从而影响到政务微博充分发挥应急联动作用。铁路上海站举了一个例子："我们是以信息服务为主，信息来源很重要，而很多突发事件发生时，许多其他交通部门的信息都不是我们第一时间能掌握的。顾客很困惑，问服务台不知道，问工作人员也不知道，其实我们是真不知道，信息来源根本就没有。这次高铁的事故，我都是先从其他微博上搜到的，当时我们车站根本还没有接到调度指挥中心的通知，影响的程度都不晓得，掌握不到信息，那自然就没办法更好地服务旅客。而所有投诉都针对第一线的人，因为我们是服务终端。"

4.3.3　政务微博危机管理的对策建议

为提高政务微博在危机管理中的作用，本书提出相关应对策略。

1. 完善管理体制机制，提高微博应急能力

运营和管理好微博，牵涉到诸多部门和层面，需要有力的制度保障。有条件的部门应尽快建立起完善的政务微博管理体制机制，安排专人专职负责微博的日常管理与运营，并给予专业培训，提高微博管理和运营人员的能力，推动微博管理人员的专业化，保持微博日常管理团队的稳定性。在尚无条件做到专人专职管理的情况下，可考虑固定人员兼职或轮岗人员专职等方式，尽力保持管理人员的专业化和稳定性。

2. 优化内容审核流程

建议按照紧急程度和重要性，对发布的信息进行分类，对不同类别的信息在审批流程上区别对待，对于重要性和安全性较低的信息，给一线人员以充分的权限独立应对。做好各种应急预案，包括人员替代应急方案，分好 A、B 角。各级领导在微博时代应转变思路和传统工作方法，对于微博一线管理人员要予以充分信任和授权，培养其独立应对能力。

3. 提高微博危机应对和互动能力

微博内容单一、页面呆板、语言刻板、更新缓慢等都不利于拉近政民距离，政务微博必须首先明确自身定位，找准服务的目标群体。作为新兴的网络问政平台，微博与政府门户网站、行政服务中心、行政服务热线、市长信箱等有所不同，其碎片化、即时性、交互性、草根性、个性化等特征要求政务微博能及时提供丰富、可信、实用的信息，用人性化、个性化、生动的语言与网民进行互动沟通，为网民答疑解惑，并向网民采集意见、建议和线索，提高危机应对与互动能力。

4. 平衡信息公开与信息安全

做好信息公开与信息安全之间的平衡，对于真正需要保密的信息，要加强信息安全措施，在制度和技术上为政务微博的安全运行提供支持。而对于以信息安全为借口故意隐瞒信息的，应明确公开范围，建立有效的监督机制，确保各级政府部门按照《应对突发事件法》的要求，准确及时地向社会发布有关突发事件的信息和建议。

5. 加强政务微博之间的应急联动

业务相关的政务微博之间应相互关注、评论和转发，相互提供信息，从而加强政府内部的沟通与交流，实现跨部门、跨层级、跨地区的互动与协同。在应对突发应急事件时，粉丝量大的微博可帮助粉丝量小的微博转发信息，以扩大信息的覆盖面与影响。在有条件的地区，应推动微博群建设和政务微博整体入驻，这既有利于部门间的沟通，也方便公众搜索。

第5章
网络舆情——互联网治理能力现代化

5.1 舆情应对新挑战

5.2 舆情应对新态度

5.3 舆情应对新发展

5.4 舆情应对新思路

5.1　舆情应对新挑战

在互联网规模呈现爆炸式增长的态势下，我国互联网用户数增长迅猛。通过互联网获取各类信息和服务，并在互联网中表达自身诉求和观点的需求不断增加，这对政府部门提升公共治理能力，特别是维护政府机构的互联网公众形象提出了新的挑战，主要表现在以下几个方面。

一是社会舆情事件的数量不断增长，危机不再是单个的随机事件，而是作为一种社会常态存在。二是网络舆情已成为监督政府、官员的重要手段，从网友晒帖到人肉搜索，铺天盖地的网络舆论攻击倒逼政府舆情应对机制改革。三是网络新媒体与传统媒体在舆论热点中共同发力，政务微博势头强劲，多省市政府新闻办频频"触网"。四是网上网下积极互动，联手推动舆情发展。以2009年"躲猫猫"事件为例，云南省政府部门对网上舆情的积极响应，不仅推进了危机解决，也获得了网络舆论的好评。五是舆情娱乐化现象凸显，考验政府危机应对的能力。

5.2　舆情应对新态度

互联网上的利益诉求、思想交锋与现实情况互动、交织，令我国社会问题的形态日趋复杂，处置和管理好网络舆情已经成为社会管理的重要内容。对于各级政府而言，网络世界不应被视为洪水猛兽，"一封了事"，而应该逐步建立良好的网络沟通渠道和对话平台，掌控网络话语权，善于利用网络工具，避免因信息不对称而造成网络群体事件。

特别值得注意的是，在抗震救灾、灾后重建等重大公共事件面前，我国网民十分关注政府领导的行为动态，若相关政府领导的信息没有得到及时公开和传播，将会给有关政府部门带来新的信任危机，致使公众对政府的公共治理能力产生怀疑，对政府公共形象的树立与宣传造成不利影响。

2014 年以来，我们在传统媒体和网络上看到了习总书记卷起裤管冒雨调研，淋着小雨也和工人拍照的图片登上各媒体头条。高层领导已经在带头适应和拥抱真实的网络生态。网民们也欣喜地看到，新浪微博 2012 年 11 月 21 日开通的"学习粉丝团"，曾经引起网络和媒体的关注和追踪，但是这个微博至今没有"消失"。

5.3 舆情应对新发展

中央网络安全和信息化领导小组（以下简称"中央网信小组"）的成立，就旨在扭转政府在互联网应对中过于被动、手段单一的现状，用政府掌握的正面、权威信息资源占领互联网信息传播的主渠道，让网民在搜索与政府相关的信息时，不是负面、谩骂的信息出现在前列，而是政府的官方正面形象出现在前列。今后，面对互联网舆论，政府更加强调科学引导、主动出击，在互联网上传播正能量。

新一届政府履职以来，对我国政府信息公开和政府网站发展高度重视。国务院常务会议两次专题研究推进政府信息公开工作，对各级行政机关依法公开政府信息、及时回应公众关切和正确引导舆情提出了更高要求。2013 年 10 月发布的《国务院办公厅关于进一步加强政府信息公开回应社会关切提升政府公信力的意见》（国办发〔2013〕100 号）提出，要提升政府网站的互联网影响力，要"通过更加符合传播规律的信息发布方式，将政府网站打造成更加及时、准确、公开透明的政府信息发布平台，在网络领域传播主流声音"。

2014年"两会"期间，中央人民政府网经过改版后，推出了一个非常重要的栏目——回应关切。基于国家信息中心网络政府研究中心（以下简称"网研中心"）的大数据分析技术，政府网站能够实时精准了解用户的关切点。例如，在处理雾霾这个舆论热点问题时，监测系统对雾霾的成因、对人体的危害、防治措施、相关的政府部门等群众关切点进行了分析搜集，形成一个初步的访谈提纲，交由国办并组织相关部门和专家进行回应。这样切实针对互联网公众的现实需求的回应，有的放矢、不回避、非常务实，对塑造政府的互联网形象非常有利。网研中心目前正在开发一个专门针对回应关切数据分析的"网研微知"系统，约在近期就可以正式上线。

5.4 舆情应对新思路

5.4.1 回应关切，主动引导

1. 大数据与精准分析技术结合

大数据时代，欧美国家互联网治理创新实践普遍具有一个鲜明特点，即精准感知互联网公众舆论和公众需求的实际状况，通过有针对性地优化和提升政府网上公共服务内容与服务界面，使得政府能够提供更加贴近公众需求的服务内容，并且更加有效和敏捷地响应公众的服务关切，让政府与公众走得更近。

就政府公共服务而言，大数据之"大"，不仅仅在于其容量之大、类型之多，更重要的是用数据创造更大的公共价值，通过对海量网民访问数据的深度挖掘与多维剖析，使政府网上公共服务供给更加准确、便捷，更加贴近公众需求，从而使政府网上服务能力得到有效提升，形成政民融合、互动的互联网治理新格局。

为充分发挥中国政府网回应社会关切、引导网络舆情的战略作用，新版中国政府网在运维过程中全面引入了大数据分析技术，借助对互联网信息传播渠道和网站用户访问行为的常态监测，帮助网站管理部门及时了解当前社会热点事件和群众关切的焦点话题，组织相关部门通过在线访谈、信息报送、专题约稿等多种方式进行回应，并通过搜索引擎可见性优化、社交媒体分享等各种技术手段在互联网上广泛传播信息。

此外，在 2014 年"两会"期间，国家信息中心网络政府研究中心的"大数据看两会"研究课题组，采集了新浪微博近一年来约 700 万条相关信息，百度指数近半年的 2000 项相关数据，凤凰网、新浪网等 117 家网站 52.5 万篇新闻报道，以及全国 1025 家政府网站近半年来的 2162 万个搜索关键词，对全网用户对政府工作简政放权、转方式调结构和宏观调控等重大问题的关注热点进行了数据分析，并在中国政府网上以专题聚焦的形式进行发布，取得了良好效果。

2. 积极开展可见性优化，主动推送服务

（1）政府网站建设发达国家的可见性优化工作

美国政府网站内容管理者工作组（后来改名为联邦政府网站管理者协会），主要负责为联邦政府网站的建设提供指导和政策建议。其中的搜索与可见性优化分会主要负责提高美国政府网站所收录的各类信息资源

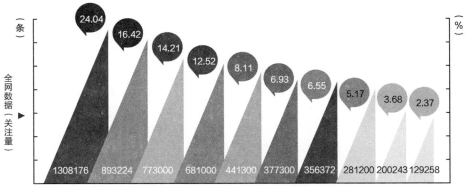

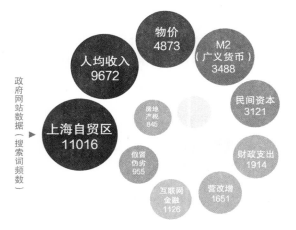

图 5-1　大数据看"两会"之宏观调控

资料来源：http://www.gov.cn/zhuanti/kgtk2014.htm。

在各大搜索引擎中的表现水平，并在全美政府网站中宣传和推广在电子商务网站可见性优化中的最佳案例，从而不断提升美国政府网站在互联网中的影响力。

该机构主要致力于以下几方面的工作：一是分享联邦政府所拥有的各种网络资源，提供数据集合和多媒体信息在搜索引擎中表现的成功策略。二是帮助政府开发站内搜索工具，并总结推广最佳实践经验。三是为所有对政府网站可见性优化的相关技术感兴趣的政府职员提供在线讨论社区。四是调研各类对于提高美国政府网站可见性具有重要作用的商业和开源搜索引擎的技术与功能特征。五是通过招募志愿者等方式，帮助各类搜索引擎提高其在检索政府信息时的可用性。

以食品药品安全突发事件为例，2011 年 8 月，美国爆发火鸡绞肉引发的"海德堡"沙门氏菌疫情，媒体纷纷质疑美国农业部现行沙门氏菌检测标准不严格，以及部门之间监管脱节等问题。

美国各相关部门第一时间迅速开展应对，在网站上发布大量事件处理声明，并且将政府信息在第一时间推送到搜索结果首页位置。在搜索引擎返回结果页中，来自美国疾病预防控制中心、农业部食品安全检验局、美国食品药品管理局等事件相关部门网站的相关信息占据了搜索结果首页的主要位置，而且是在事件发生的第一时间就将自己网站的相关信息推送到了搜索结果的前端。因而在网民想了解、追踪此事件相关信息时首先看到的是来自官方机构的权威声音，从而减少了民众在此事件中对政府机构的负面情绪，起到了很好的危机应对的效果。而要保证这一效果一方面需要政府网站本身的基础可见性优化，另一方面也取决于相应事件的专题优化。

英国中央信息署于 2010 年制定并发布了《搜索引擎优化指南》。该报告是目前见到的全球首份官方发布的政府网站搜索优化的专门指导文件，并从如何确保政府网站信息被搜索引擎收录、如何确保用户能够使用自己的语言在政府网站中检索到所需信息、如何提升政府网站在搜索引擎中的排名等方面对政府网站的可见性优化工作提出了系统性的指导意见。

同时，英国政府还十分重视在重大事件中互联网正面形象的舆论引导问题。

为阻止不法组织利用国际互联网招募恐怖主义分子和犯罪分子，英国国家安全和反恐办公室（Office of Security and Counter-Terrorism）专门投入预算资助一些温和的伊斯兰团体网站开展搜索可见性优化工作，以提高这些网站的用户流量，并降低激进的恐怖组织网站的排名，从而在互联网上占据主动。

（2）我国政府网站可见性优化成效

网研中心提出了通过开展针对搜索引擎和社交网络的"可见性优化"工作，更加智能和主动地推送相关服务到所需用户那里去。当用户在搜索引擎和微博上搜索政府相关信息时，来自特定政府网站的信息将出现在主流搜索引擎搜索结果的前列，使用户在"第一时间"发现该网站提供的各类信息及在线服务。

通过与网研中心的长期合作，目前成都市政府网站在可见性优化方面已经走在全国前列，网站页面百度搜索引擎收录数高达461万个，是目前全国数万个政府网站中搜索引擎收录数最高的网站，远远领先于兄弟城市十余万个的平均水平。通过这项工作的开展，成都市政府网站的海量信息资源被用户通过互联网查找到的可能性大大提高，较为充分地发挥了成都市政府网站的互联网影响力。

例如，近一年来网民在百度上搜索"流动人口婚育证明办理"的总人次超过50万，说明流动人口对这一办事服务有明确需求，且数量巨大。在各地网民搜索上述相关关键词时，除成都市政府网站通过开展有针对性的可见性优化工作，从而使得网站结果出现在搜索结果首页首屏之外，绝大多数地方政府网站上的这项服务都不能被网民找到。这种现象对网民的使用体验造成了十分明显的影响。一方面，成都市网民在互联网上查找该信息时，用户体验非常良好。数据显示，成都市本地网民为查找该项信息来到成都市政府网站后，平均停留时间长达 1 分 16 秒，表明网民对该项服务内容有着明确的需求，并且进行了十分认真的浏览。另一方面，外地用户来到成都市政府网站后，平均停留时间仅 19 秒，说明这些用户来到成都市网站后完全找不到所需信息，用户体验较差。数据分析表明，成都市开展可见性优化工作，大大提高了网站针对成都市互联网用户的服务效能。

3. 推进社交媒体技术在政府网站中的充分应用

2010 年，美国公共与预算管理办公室（OMB）专门发布了一个关于政府网站应用社会化媒体的指南性文件，美国各级政府网站均将社交媒体技术充分运用到网站建设和运维之中。例如美国联邦政府门户网站在 Facebook、blog 等多家社交媒体平台上开通了账号，方便全网进行信息的正向引导；同时，在网站所有页面均开通了 RSS 订阅、短信订阅、邮件订阅、分享到社会化媒体等技术功能，最大限度地提高网站信息在互联网上的传播效率，提升网站信息的互联网影响力。

英国政府对于社交媒体技术在政府网站中的应用问题同样十分重视，主要体现在政府对公务员使用社交媒体的培训工作上。以英国能源与气候变化部为例，从 2010 年到 2012 年间，该部门组织了面向不同层次公务员的关于社交媒体的多次培训。

鉴于此，政府网站应当建立与政务微博联动发布信息机制，在坚持政府网站作为信息公开和发布主渠道的同时，应尽可能将一些简短信息同时通过发布微博、组织微话题等方式向微博用户推送，形成政府网站与政务微博联动的信息发布机制，进一步提升互联网舆论宣传影响力。

在开展社交媒体的可见性优化工作方面，成都市政府网站积极拓展，在新浪和腾讯微博上均开通了账号，拥有大量粉丝。与此同时，成都市政府微博特别注重微博与网站信息之间的无缝链接。一方面，成都市网站提供了访问微博的链接入口；另一方面，所发布的每一条微博信息均带有跳转到网站的超链接。在地震等重大突发事件发生后，成都市政府微博发布的信息不但吸引了大量用户转贴，也引来众多用户访问成都市政府网站，既提升了成都市政府网站信息的访问流量，也较好地发挥了政府网站信息在社交媒体上的影响力。

5.4.2 舆情危机应对

2012 年 4 月 13 日，中国人民大学舆论研究所发布了《中国社会舆情年度报告（2012）》。该报告指出，2011 年全年具有社会影响力的网络热点事件总计 349 件，平均每天 0.96 件，中国已进入危机常态化社会。

1. 树立应急事件中的政府互联网形象

利用政府网站信息的权威性、及时性特点和集团作战的优势，加强对各级主要党政领导亲临一线、指挥抗震救灾等重大突发事件工作的报道，强化对领导亲民形象的宣传，树立政府在互联网上的新形象。

2. 大数据监测，实现网络舆论引导

在突发事件的互联网舆论引导方面，以美国 2012 年 8 月 23 日大规模爆发的西尼罗河病毒事件为例，在事件发生后美国相关部门通过精准的互联网数据监测分析，及时了解网民的需求和关切，并确保美国疾控中心和食品药品监督管理局网站上发布的信息第一时间出现在谷歌搜索结果第一页的醒目位置上，为澄清事件真相、引导社会舆论发挥了重要作用。

4·20 雅安地震重大灾情发生后，由于成都市临近地震灾区，成都政府网站承担了大量发布灾情信息、提供服务引导、稳定社会舆论、通报工作进展、普及救灾知识等方面的服务业务。网研中心与四川省、雅安市和成都市开展合作，基于相关政府网站上的政务网站智能分析系统数据，每 48 小时发布一份《雅安 4·20 地震互联网数据分析系列报告》，对当时互联网公众对于地震相关信息服务的需求热点进行判断，分析震后公众对地震相关信息服务需求的演化趋势，预测未来 48 小时公众对新增灾情相关信息的需求，评估当时政府网站地震相关信息服务的服务效果，并基于上述分析提出有针对性的改进建议。该报告有力地支撑了震后 10 天雅安地震灾后政府网上公共服务的应急响应，并得到了中办、国办、发改委、工信部和四川省等相关领导的高度评价。

3. 政务微博在应急中发力

政务微博成为网民获取政府网站相关抗震救灾信息的重要渠道。从腾讯、新浪等微博来到政府网站查看灾情和救援相关信息的用户中，政务微博用户和主流媒体微博用户是第一大微博用户来源，占比超过 90％，政府微博开始成为政府门户网站的重要用户来源。

分析发现，微博用户常常通过参与微话题、微搜索等方式来到政府网站相关页面。政务微博在实际应用中也存在一些值得关注的问题：一是通过政务微博导航链接到政务网站的用户总量还不高，政府门户网站在提高微博用户来源占比上还有很大空间；二是有关部门要特别重视和慎重应对微博上的负面言论，通过政府网站有效解决微博用户对震后政府相关信息的关注问题，缓解社会舆论压力。

4. 可见性优化追踪信息需求

要建立政府网站与主要搜索引擎的常态化可见性优化合作机制，切实提高政府网上信息互联网响应能力。应从政府和搜索引擎企业两个角度探索建立可见性优化合作机制。

从政府网站角度而言，应遵从搜索引擎抓取规律，对全站进行可见性技术诊断，并对网站存在的可见性短板进行技术性改造，以提高搜索引擎对这类页面的收录比例，提升相关信息被网民及时看到的可能性。从搜索引擎企业角度而言，应积极承担企业的社会责任，加快搜索和导航技术创新，尽可能方便广大网民获取更多的政府网上信息和服务。

5. 重视移动终端服务的提供

针对移动智能终端用户的信息需求，按照移动终端服务的通行做法提供服务。政府网站为移动终端用户提供的服务不应当仅仅是政府网页的手机版，建议借鉴电子商务领域的通行做法，下一步重点围绕地震、交通、医疗卫生、应急管理等领域，整合提供政府网站移动端 APP 应用服务，与时俱进。

第 6 章
网络决策——大数据
让决策"飞起来"

6.1 决策的基础保障——用户需求识别与分析

6.2 决策的支持引导——实时数据监测与预警

大数据时代，一个将数据当作核心资产的时代，数据逐渐实现战略化、资产化和社会化。世界上越来越多的国家将数据管理上升到了战略层面，大数据思维和应用已经开始逐渐渗透到公共管理和政府治理范畴内，对政府治理理念、治理范式、治理内容、治理手段等产生不可忽视的影响。

大数据不是数据的简单罗列和堆积，而是对所收集的碎片化的、多样化的、价值度低的数据进行关联分析，如对政府部门业务数据库、政府网站浏览量，以及政务微博和微信等社交网络数据进行抽取集成后，利用数据挖掘、统计分析等分析工具找出可以预测事物发展的规律、可以对现象做出解释的原因，然后以可理解的、交互的方式展现给使用者，为有关部门提供决策分析支持。

政府网站用户需求与社会公众政治、经济、文化生活密切相关，因此往往带有明显的时空变化规律。因此，在政府网站需求识别框架中，整个分析工作都是在访问时间和页面空间构成的时空轴内展开，不是基于一套静止的截面数据。分析政府网站用户需求的时空变化规律，有助于帮助政府网站制定更加有针对性和动态化的服务策略。以下对政府网站用户需求的时空变化规律进行分析。

6.1　决策的基础保障——用户需求识别与分析

6.1.1　政府网站用户需求的时间演化分析

政府网站用户的服务需求，会随着不同时间段经济社会的发展变化而变化。基于 82 家样本政府网站用户的需求主题数据，对政府网站用户在 2013 年 1 月到 9 月间访问流量最高的前十个关键词进行分析，结果见表 6-1。

表 6-1　政府网站 2013 年 1~9 月热点需求关键词

月度	需求热点
1 月	八项规定、收入支出决算表、严控机构编制、食品安全、全国农业工作会议、"十二五"规划、社保缴费查询、公积金查询、港澳通行证、会计证
2 月	贯彻落实八项规定、社保审计、生态文明、元宵节、招聘信息
3 月	乡镇机构改革、国务院机构改革、三定方案、十八大、事业单位分类、部际联席会议、雷锋学习
4 月	政府机构改革、两会经济热点、春季森林防火、中国梦、雅安地震
5 月	事业单位分类目录、美丽中国、芦山地震、爱鸟周、毒生姜、百人计划
6 月	驾照消分新规、事业单位改革、中小微企业、安全生产、神舟十号最新消息
7 月	特种设备安全法、防汛、体制改革、美丽中国、最难就业季
8 月	持续高温、行政改革、习近平在河北调研讲话、工业地产政策、群众路线
9 月	廉洁自律、大气污染治理、城镇化、群众路线、教师节、黄金周

从表 6-1 可以看出，不同月份中用户需求热点主要与以下两方面的因素密切相关：一是中央推出的重大举措、重要改革、重要会议、重要

政策等。如 1~2 月份的八项规定及其相关词，1 月份的全国农业工作会议，8~9 月份的群众路线学习相关词，5~7 月份的美丽中国相关词，以及 1~8 月份持续被关注的各级政府机构和事业单位改革等信息，都是与 2013 年中央推出的各项重大改革举措密切相关的信息。二是各月份发生的节庆活动、重大灾害、公共事件等与群众日常生产生活关系密切的事件。如 2 月份的元宵节，4~5 月份的雅安地震相关词，5 月份的毒生姜事件，7 月份的最难就业季，8 月份的持续高温，9 月份的大气污染治理、教师节等等。

值得指出的是，政府网站用户的需求热点变化，具有十分明显的随经济社会发展变化而变化的特征，因此这些需求热点实际上在搜索引擎等互联网传播渠道上也存在同步联动的现象。以"群众路线教育实践活动"事件为例，通过数据分析可发现，在政府网站上 8~9 月份进入了相关需求的高峰期。而在主流搜索引擎上，这类用户需求同样也在同一时段进入高峰期。图 6-1 显示了百度指数中统计的近一年互联网公众在百度搜索引擎上搜索群众路线教育实践活动检索词的频次变化。可以看到，在 6 月份之前，互联网用户搜索相关信息的人数一直不多，进入 6 月份后，随着各级群众路线教育实践活动逐渐进入高潮，互联网用户对于相关信息的需求也进入了高峰期，这种事件分布规律是与政府网站用户的需求变化高度相关的。

具体到某一类特定用户服务需求而言，它也会随着不同时间段事件的变化而出现服务需求内容的内在迁移。笔者曾对某农业政府部门网站上，用户对于"玉米"及其相关服务需求主题在一年时间内的变化情况进行了分析。图 6-2 显示了关于"玉米"的访问人次的变化情况。可以看出，用户对于"玉米"方面的信息需求主要集中在春季和秋季两个时间段。

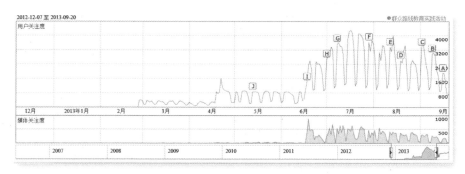

图 6-1　群众路线教育实践活动百度指数变化图

注：相关数据由百度指数（http：//index.baidu.com/）提供。

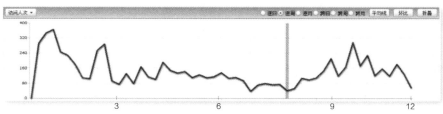

图 6-2　关于"玉米"的访问人次变化情况

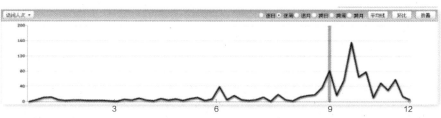

图 6-3　关于"玉米价格"的访问人次变化情况

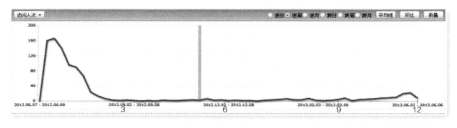

图 6-4　关于"玉米除草"的访问人次变化情况

通过对包含"玉米"的关键词的分析，筛选出关于"玉米价格"的关键词。图 6-3 显示了关于"玉米价格"的访问人次的变化情况，可以看出用户对于"玉米价格"方面的信息需求主要集中在 9 月份前后。这时临近玉米的成熟期，因此很多用户开始关注玉米价格的变化情况。

通过对包含"玉米"的关键词的分析，筛选出关于"玉米除草"的关键词，图 6-4 显示了关于"玉米除草"的访问人次的变化情况，可以看出用户对于"玉米除草"方面的信息需求主要集中在春季。这一时期正处于玉米的播种期，因此很多用户对于玉米除草和病虫害防治等信息关注较多。

通过上述分析可以看出，用户对于某一类农产品信息的需求与该农产品的生长、种植特点是一致的。农业政府网站用户的需求信息与农业生产活动规律高度相关，并且呈现动态变化的特征。

6.1.2　政府网站用户需求的地域差异分析

政府网站用户需求的地域差异性主要由行政辖区内外、国内外用户对于一级政府的公共服务需求的差异性所决定的。笔者以样本政府网站中的省级政府门户网站和省级部门网站为对象，分析了省内用户、国内省外用户以及国外用户三类不同地域用户在各项基本需求分类中的差异性，如图 6-5 所示。

从图 6-5 可以看出，不同地域政府网站用户的需求分布具有明显的差异性。例如，政府机构名称、其他机构名称、人名和职务关键词，以及地名区划词等类用户需求中，省内用户的需求明显高于国内省外用户和国外用户，说明本地用户更加关心当地的知名企业、政府机构、行政地名和重要人物等信息。而文化旅游词中，国内省外用户和国外用户的

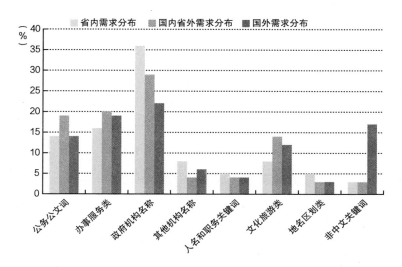

图 6-5　省级政府网站中不同地域用户需求的差异性

需求明显高于省内用户。这提示我们，对于一个地方性政府网站而言，其所提供的不同类型的服务内容，所面向的用户群体在地域上具有明显差异性，在提供本地区知名企业信息、领导活动信息、地名区划信息时，主要目标用户群体是本地公众；而提供文化民俗、景区名胜、活动赛事等信息时，其目标用户群体则是外地用户。此外，非中文关键词的主要用户群体是海外用户，这说明政府网站提供外文版服务信息，能够很好地解决海外用户的语言问题，对于提升网站国际影响力具有重要作用。

　　以上是从行政区内外和国内外的角度，初步比较了政府网站用户的地域需求差异性。我国是一个幅员辽阔的国家，各地区经济状态、自然环境、文化习俗等千差万别，不同省份、不同地域用户对于同一类政府公共服务的需求同样存在显著差异性。仍以前文所分析的农业政府部门网站为例，笔者进一步分析了该网站上来自全国各地的互联网用户搜索各类主要农产品信息的地域分布差异性。图 6-6 选取了其中六类农产品加以分析。

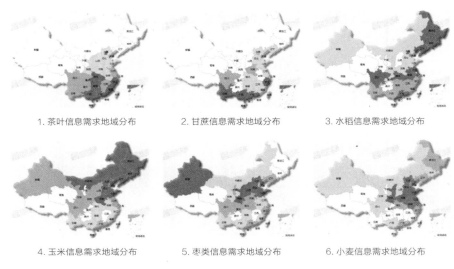

1. 茶叶信息需求地域分布   2. 甘蔗信息需求地域分布   3. 水稻信息需求地域分布

4. 玉米信息需求地域分布   5. 枣类信息需求地域分布   6. 小麦信息需求地域分布

图6-6　六类农作物信息需求的地域分布

　　从图6-6可以看出，全国不同地区用户对于农产品类政府网站信息服务的需求具有明显差异性，且这种差异性与农业生产的地域分布规律高度吻合。例如，茶叶类信息用户需求最为旺盛的均来自茶叶的主产区，如福建、湖南、浙江、广东等地；甘蔗类信息用户需求最旺盛的则主要为热带和亚热带地区，如海南、广东、广西、云南等地；水稻类信息用户需求最旺盛的主要是东北地区、长江中下游地区和珠江三角洲地区等水稻主产区。这种用户需求与政府网站业务规律之间在地域分布上高度同步的现象提示我们，政府网站，特别是一些面向行业用户提供公共服务的网站，完全可以仿照商业网站的成功经验，设计面向不同地域用户的服务频道，并且根据用户IP地址来源，自动推送符合本地区用户特殊需求规律的服务界面（用户也可按照个人喜好重新选择其他地域），从而有效提高政府网站服务的智慧化和个性化水平。

案例 6-1　四川雅安地震震后恢复重建互联网需求分析和决策支持

在雅安地震发生后，互联网上也发生了一场关于雅安的信息"地震"。而通过有效的数据分析，能将网络上的各种用户行为折射出的用户需求提炼而出，从而指导政府的政务工作重点和应急应对方案制订，满足人民的需求和政府的执政要求。2013 年 4 月雅安地震发生后，国家信息中心网络政府研究中心运用大数据和语义挖掘技术，就震后的网络信息进行了一次专门且针对性极强的系统数据分析，为省市县政府提供了有力的数据保障和独到的决策建议。

一、互联网需求分析

数据分析的来源包括：

一是四川省、雅安市、邛崃市、天全县、宝兴县，以及四川省交通厅、四川省民政厅、成都市地震局等相关政府网站上所有与雅安地震相关的用户需求和访问行为基础数据，包括 33728 个站外搜索关键词、45694 条访问页面标题、15576 个站内搜索关键词等。

二是百度搜索引擎上网民搜索的与雅安地震相关的搜索关键词数据，包括 8033 个百度搜索关键词。

三是新浪微博、腾讯微博等社交媒体网站上与雅安地震相关热门话题数据，包括 2598 万多条微博信息。

通过对所收集的能反映网民需求的所有关键词集合进行组合去重后，筛选出 5284 个与雅安地震灾后恢复重建直接相关的关键词。通过"机器 + 人工"的方式对灾后恢复重建类关键词的集合进行语义分类，划分为 10 个大类（恢复重建领域）、39 个中类（恢复重建事项）、101 个小类（具体需求主题）。10 大类灾后恢复重建领域的网民需求包括：灾后重建信息化建设工作，国家支援和群众帮扶工作，群众防灾减灾知识普及工作，灾区城乡住房建设工作，震后精神文化建设工作，灾后基础设施建设工作，灾区产业重建工作，灾后公共服务工作，灾后政策措施制定工作。

在震后七天之内，通过搜索引擎的关键词分析，对得到的数据进行可视化后如图 6-7 所示。

通过直观的观察我们可以发现，在震后的七天之内，互联网网民的关注点变化明显地分为三个阶段。第一阶段为关注灾情的具体情况以及捐赠，第二阶段为抗震的知识以及重建，第三个阶段为震后的社会情况以及默哀等。三个阶段的具体划分就为政府的工作重点起到确切的指导作用。

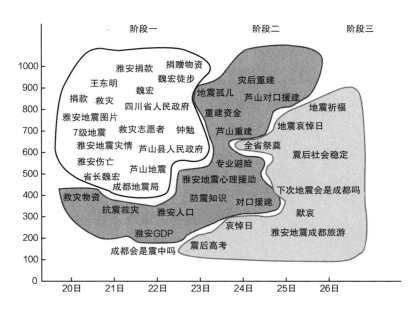

图 6-7　震后搜索关键词

表 6-2　震后网民需求变化

重建领域	重建事项	需求主题
灾后重建信息化建设	党委信息化	党中央
		抗震工作党的领导
		省委书记王东明
	地震应急服务平台	救灾指挥工作
		应急指挥
	地震预警信息社会报送平台	地震前兆
		地震预测
		地震预警
	社会热点识别及应对	地震宝宝
		地震无表哥
		官员免职事件
		河南高速拦截救援物资事件
		央视打断雅安书记
	灾情信息共享平台	地震报平安
		地震微博
	震情发布平台	地震发生时间
		地震工作简报
		地震基本情况
		地震级别
		地震消息
		地震余震
		地震灾情
		地震震源深度
		地震震中情况
	震情信息公开平台	地震视频
		地震死亡人数
		地震图片
		地震现场直播
		地震新闻
		地震信息
		抗震物资管理
		四川省长魏宏
		政府应对行动
		政府赈灾款
	地震信息服务体系可见性优化	地震台网

重建领域	重建事项	需求主题
国家支援和群众帮扶	对口支援	对口支援
	群众帮扶	陈光标
		红十字会
		捐款捐物
		赈灾晚会
群众防灾减灾知识普及	地震科普知识	地震产生原因
		地震次生灾害
		地震带知识
		地震烈度划分
		地震知识
		断裂带
	防灾减灾常识	地震保护措施
		地震防范逃生
		地震紧急避险
		地震应对知识
	防灾减灾知识培训	地震教育
		地震手册
	国外经验借鉴	中日震后对比
防灾减灾工作	地震救援队伍建设	地震救援队
		救灾官兵
		志愿者
	防震避险演习	防震避险演习
	应急预案	应急预案
	震后安全隐患排查	震后安全隐患排查
	政策起草	防震减灾条例
		抗震救灾方案
灾区城乡住房建设	地震损失鉴定	地震危房鉴定
		房屋倒塌情况
		房屋受损报告
	重建房屋抗震标准	建筑抗震等级
		抗震标准
		抗震设计规范
		重建

重建领域	重建事项	需求主题
精神文化建设	抗震救灾宣传工作	事迹
		标语
		黑板报、手抄报
		抗震救灾歌曲
	精神家园建设	祈福
		哀悼
		地震感悟
	文化基础设施建设	遗址纪念馆
灾后基础设施重建	交通应急管理平台	地震交通管制
		地震交通情况
	水利	水利
	灾后重建空间布局规划	地震波及范围
		重建布局规划
		灾后安置
	污水废物处理	污水废物
灾区产业重建	宏观经济	地震对经济的影响
		经济损失
	旅游产业	旅游产业
	农业生产	农业生产
	住房产业	地震对房价的影响
灾后公共服务	教育	教育设施重建
	就业	就业
	社会管理	孤儿
	医疗卫生	地震献血
		地震医疗
		卫生防疫
		心理
灾后政策措施	财政政策	地震补贴标准
		地震房屋补助
	金融政策	地震房屋保险
		地震房屋倒塌赔偿
		震后房贷怎么办
	税费政策	税费政策

二、互联网决策支持

通过对需求反馈的认真梳理，针对雅安地震的方方面面，最后给出了如下的针对性建议。

（一）尽快启动灾后恢复重建信息化规划和系统建设工作

灾后恢复重建信息化建设，属于群众需求强烈但尚未纳入政府灾后重建重点的一项工作，迫切需要引起四川省、雅安市各级党委政府的高度重视，尽快启动灾后恢复重建信息化建设规划，加紧实施重大信息系统建设工作。以四川省委门户网站、雅安市委门户网站为灾区党委信息化建设突破口，进一步加强党的领导，发挥党组织在恢复重建中的战斗堡垒作用；充分利用四川省和雅安市现有的应急服务信息系统相关资源，准确识别雅安地震抗震救灾和恢复重建中涌现出的技术短板和新需求，尽快完善地震应急信息服务平台、震情信息公开平台，加紧建设预警信息社会报送平台，整合建设灾情信息共享平台；尽快针对各级重大事件相关的部门网站组织实施互联网信息服务可见性优化，大力提高政府网站在应急信息服务传播体系中的影响力。

（二）着力开展灾区恢复重建互联网数据分析和应对工作

灾区灾后恢复重建工作，深受全国网民的关注，在一个较长时期内，将是社会舆论关注的焦点，对于灾区经济社会的发展，具有牵一发而动全身的作用。四川省和雅安市各级政府迫切需要持续收集来自政府网站、社交媒体、搜索引擎和社区论坛等方面的网民信息，及时了解网民动态需求和热点话题，重点关注捐款捐物使用、孤儿安置领养、重建资金使用等内容，对不同事件进行分门别类，分别采取及时澄清、正面回应并整改、采取强有力手段等应对措施，为灾后恢复重建创造良好的互联网舆论环境。

（三）高度重视与民生利益密切关联的灾后重建工作

网民需求及需求满足度数据表明，灾区群众普遍关心且利益关系密切的大事，主要是受损房屋修复、就业创业、损毁校舍重建和心理治疗等，这些工作关系到灾区社会稳定的大局，群众呼声强烈，网民高度关注。灾区各级政府需要争取各方资源，加大地震受损住房的补助力度，加快灾区城乡住房修复与重建信息的上网公开，重点推进灾区各大中小学、幼儿园等损毁校舍的修复重建，大力促进灾区就业创业兴业，做到灾区群众民生无小事。

（四）有针对性地制定灾区恢复重建扶持政策

灾区恢复重建任务繁重，资金和物质需求压力大，迫切需要国家各级部门和相关机构统筹考虑，加紧制定灾后恢复重建总体规划，充分吸纳多数网民需求意见，加快制定财政补贴政策，出台商业优惠措施。加快实施交通基础设施、水利受毁设施和地区优势产业特色产业的恢复重建。优先出台灾后房屋重建补贴标准、过渡安置补助、地震危房改造补贴、受损严重企业税费减免、震后固定资产损毁的金融救助和保险理赔政策等。加大恢复重建政策及工作进展的社会宣传力度，扩大社会知晓面。

（五）加强抗震救灾精神文化建设和防灾减灾工作

抗震救灾精神文化建设，可以作为灾后恢复重建工作的一个有机组成部分，被纳入总体规划并稳步实施。重点弘扬抗震救灾先进事迹，总结宣传抗震救灾精神，规划建设地震文化纪念设施场馆，不断丰富地区先进文化。

在防灾减灾方面，充分学习借鉴日本、德国等发达国家的防震减灾先进经验，整体加强不同类型地震救援队伍的建设，开展灾区防震避险演习，加大地震相关科学知识普及和防震减灾相关知识培训的工作力度。

6.2 决策的支持引导——实时数据监测与预警

决策的支撑总是需要一定的数据量，从日常生活中常见的微决策到深思熟虑决定宏观的大决策，无一不要求决策者或者决策集体拥有对目标情况的不同程度的了解。而在传统的决策语境当中，总是不可避免地会遇到如信息片面、滞后等情况。比如在制订一些细则时，只能依靠统计单位的月度年度报告。而这些报告有时候并不能满足决策者对广度与精度等多方面的需求。

大数据的收集与处理就在某个方面解决了上文提到的信息滞后与精度不高的问题。通过利用先进的互联网计算机技术，可以很容易地用手机存储海量的数据，并且将它们转化成一目了然的可视化的表格或图片。依托于这些易于理解、判断的材料，决策者就能够做出更为合理有效的选择。而事实上世界各国都已经在这方面进行各种各样的探索，也都有了一定程度上的心得与收获。大数据的决策指导作用已经凸显，并且日益得到关注与重视。

案例6-2　农业病虫害的大数据决策指导

农业部的一项常态化工作是对全国各地的病虫害情况进行分析并依此提供政策建议。传统的方法是当地的农业技术站在充分调研走访当地农民病虫害的情况之下，撰写报告依次向上级递交，最后在农业部做整体的梳理和汇总工作。而整个流程下来往往需要耗费大量的时间，结果的公布往往延迟一个多月甚至几个月，时效性很差，对当年的农业病虫害防治起不到及时的指导作用。同时工作量巨大而效率较低。当运用大数据的思维和方式对中国农业信息网全网 2012 年 10 月 26 日至 2013 年 10 月 25 日期间用户访问数据进行分析之后，我们获得了用户关于病虫害防治的搜索关键词共 14328 个，对应访问次数共 24589 次，在分析每一次访问的地域来源和访问时间后，按照每一天全国各地搜索相关词的数量多少，可绘制出了动态热力图。结合农业病虫害的专业理论和大数据的可视化图表，我们可以得到图 6-8。

　　2012 年底，全国病虫害信息需求较少，说明冬季为病虫害低发期。

　　2012 年 12 月至 2013 年 1 月，江浙地区搜索量增大，此时为江浙地区冬季油菜蚜虫发病期（见图 6-9）。

　　2013 年 4 月起，北方地区搜索量迅速增加，因春季是华北农作物病虫害高发期（见图 6-10）。

　　2013 年 7 月至 9 月，辽宁地区搜索量猛增，此时为东北玉米三代粘虫发病期（见图 6-11）。

　　农民受灾之后的第一时间搜索注定更加有时效性，而我们可以通过大数据技术将这种强时效性的信息捕获，传递给我们的政府决策部门。在强时效性的指导下政府的决策者就能更加迅速快捷有效地做出科学决策，进行必要的部署和挽回一定的灾害损失，大数据技术为我们的这种美好思路的实现提供了可能。

图 6-8

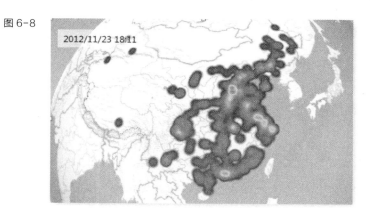

图 6-9

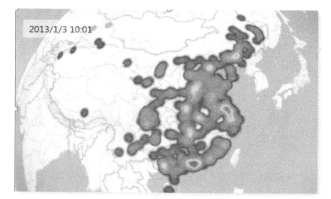

图 6-10

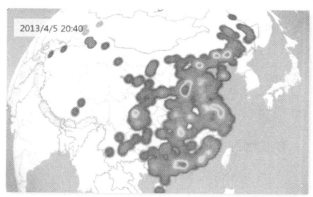

图 6-11

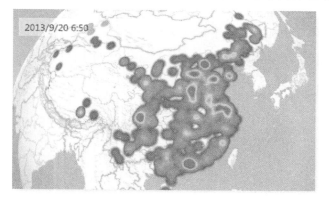

案例 ⟨ - ⟩ **奥巴马的大数据竞选**

让我们看看美国总统奥巴马在大数据武器武装下的连任之路。

奥巴马的竞选团队当中拥有专门负责大数据收集和分析的部门。从一开始他们就打算进行一场完全不同的、以度量驱动的竞选活动。他们表示，"我们要用数据去衡量这场竞选活动中的每一件事情"。

比如说，他的数据处理团队注意到，乔治·克鲁尼在西岸对40~49 岁的女性粉丝有莫大吸引力，而同样的类似粉丝群体也是能够为奥巴马投票的潜在票仓。所以利用在过去两年收集的数据，从东岸的名人里选择了女星莎拉·杰西卡·帕克。接下来与奥巴马晚餐的竞标活动诞生了，目的就是为了吸引那些对莎拉感兴趣的粉丝们，从而获得他们对奥巴马的好感，争取连任的选票。而对公众而言，他们不可能知道，这次活动的初衷来自竞选团队对支持者的数据挖掘，他们只知道追逐自己喜欢的明星，却不知道已经不知不觉中被"请君入瓮"。

另外，他的首席科学家还雇用了一个分析部门——五倍规模于 2008年竞选时的分析部门，充分利用在竞选中可获得的选民行动、行为、支持偏向方面的大量数据进行数据分析和整理。而选民名册与在公开市场上可得的用户资料紧密相连，选民的姓名和住址则与很多资料可以相互参照，从杂志订阅、房屋所有权证明，到狩猎执照、信用积分（都有姓名和住址登记）。除了这些资料外，还有拉票活动、电话银行的来电所提供的信息，以及其他任何与竞选活动相联系并自主提供的私人信息。加尼和他的团队试图挖掘这一连串数据并预计出选民的选举模式，这使奥巴马竞选团队的花费更加精确和有效率。

图6-12　奥巴马与大数据

　　与此同时，奥巴马的数据团队还利用海量数据分析挖掘，帮助他筹集到10亿美金。

　　数据分析团队也通过大数据技术进行了结果的预测。分析团队用了四组民调数据，建立了一个关键州的详细图谱。据说，他们做了俄亥俄州29000人的民调，这是一个巨大的样本，占了该州全部选民的0.5%，这可以让团队深入分析特定人口、地区组织在任何给定时间段里的趋势。这是一个巨大的优势：当第一次辩论后民意开始滑落的时候，他们可以去看哪些选民改换了立场，而哪些没有。是这个数据库，帮助竞选团队在 10 月份激流涌动的时候明确意识到：大部分俄亥俄州人不是奥巴马的支持者，更像是罗姆尼因为 9 月份的失误而丢掉的支持者。民调数据与选民联系人数据每晚都在所有可能想象的场景下被电脑不断处理。通过计算机模拟竞选推算出奥巴马在每个"摇摆州"的胜算。每天早上，他们都会得出数据处理结果，来判断出赢得这些州的机会在哪，从而去进行资源分配。一个高级官员戏称，"我们每天晚上都在运行 66000 次选举"。

线上，动员投票的工作首次尝试大规模使用 Facebook，以达到上门访问的效果。在竞选的最后几周里，下载了 App 的人们，会收到一些带有他们在"摇摆州"朋友的图片的信息。该信息告诉他们，只要点击一个按钮，程序则会自动向目标选民发出鼓励，推动他们采取恰当的行动，比如登记参选、早点参选或奔赴投票站。竞选团队发现，通过 Facebook 上朋友接收到如此信息的人有五分之一会响应，很大程度上因为这个信息是来自他们认识的人。

数据也帮助了竞选广告的购买投放。大数据摆脱了竞选团队对于高价的外部媒体顾问的依赖，通过内部数据库的监控来决定广告的投放地点。竞选团队可以通过一些很复杂的模型，精准定位选民。比如说，如果想要定位一个迈阿密 - 戴德 35 岁以下的女性选民，就可以通过购买一些非传统类剧集之前的广告时间而达到目的。数据显示，奥巴马团队 2012 年的广告购买效率比之前提高了 14%。

数据可以让他们发现那些平时被忽视掉却很重要的平台与媒体。8 月份时，奥巴马决定到社会化新闻网站 Reddit 去回答问题。而这个网站平时不为奥巴马大多数的竞选官员所知却是关键目标的聚集地。如果不是大数据技术的帮助，奥巴马就会错过大量的动员目标。

在办公室里，该团队会给各个数据挖掘实验进行神秘代码命名，比如独角鲸、追梦人。该团队甚至在远离其他竞选工作人员的地方工作，在总部巨大办公室的北边尽头，专设了一个没有窗户的房间。"科学家"们会为在白宫罗斯福厅的总统及他的高级幕僚发送常规工作报告，而更多的细节是不会透露的，竞选团队保护着他们自认为相对于罗姆尼团队有制度优势的地方，即数据。可见他们对于大数据的分析是如此的重视，或许他们认为能够战胜罗姆尼团队的核心优势之一就是：大数据。数据驱动的决策对奥巴马这位第44位总统的续任起到了巨大作用，也是研究2012年选举中的一个关键元素。它是一个信号，表明华盛顿那些基于直觉与经验决策的竞选人士的优势在急剧下降，取而代之的是数量分析专家与电脑程序员的工作，他们可以在大数据中获取洞察力。正如一位官员所说，决策者们坐在一间密室里，一边抽雪茄，一边说"我们总是会在《60分钟》节目上投广告"的时代已经结束。

在政治领域，大数据的时代已经到来。

第 7 章
网络营销——互联网
企业的生存之道

7.1 网络营销——互联网的金矿

7.2 网络营销方式——掘金工具

7.3 网络营销的未来之路

7.4 网络营销思维及创新

截至2013年12月，中国网民规模达6.18亿，如此之多的用户群体，就如同一座金矿一样潜藏着巨大的商机。而基于互联网的网络营销则给企业带来革命性的变化。互联网企业的生存依赖于互联网的贸易，网络营销是互联网企业运营前期的重要环节，做好企业及其产品的推广活动，对于互联网企业的存在至关重要。本文着重从营销的角度探讨在电子商务环境下，互联网企业营销的内容、方式和互联网思维，对于理解什么是互联网营销，如何为互联网企业营造良好环境，以及把握互联网思维具有指导意义。

7.1　网络营销——互联网的金矿

7.1.1　网络营销的含义

网络营销亦称在线营销或者电子营销，就是以互联网为主要手段，为达到一定营销目的而进行的营销活动。企业以网络为媒介进行网络调研、网络新产品开发、网络促销、网络分销、网络服务等以实现精准营销，使客户需求最大化。网络营销策略涵盖在线营销产品、服务和网站的各个层面，也涵盖市场调查、电子邮件营销与直销。

7.1.2　网络营销的特点

1. 跨时空性

营销的最终目的是占有市场份额，由于互联网能够超越时间约束和空间限制进行信息交换，这使得营销脱离失控限制进行交易变成可能，企业有了更多时间和更大的空间进行营销，可以每周七天、每天 24 小时随时随地地提供全球性营销服务。

2. 经济性

互联网传播范围广、速度快、无时间地域限制、无时间版面约束、内容详尽、多媒体传送、形象生动、双向交流、反馈迅速等特点，有利于提高企业营销信息传播的效率，增强企业营销信息传播的效果，降低企业营销信息传播的成本。同时，互联网企业无店面租金成本，且能实现产品直销，能帮助企业减轻库存压力、降低经营成本。另外，随着国际互联网覆盖全球市场，通过互联网，企业可方便快捷地进入任何一国市场。尤其是由于世贸组织第二次部长会议决定在下次部长会议之前不对网络贸易征收关税，网络营销更为企业架起了一座通向国际市场的绿色桥梁。

3. 对等性

在网上，任何企业都不受自身规模的绝对限制，都能平等地获取世界各地的信息及平等地展示自己，这为中小企业创造了一个极好的发展空间。利用互联网，中小企业只需花极小的成本，就可以迅速建立起自己的全球信息网和贸易网，将产品信息迅速传递到以前只有财力雄厚的大公司才能接触到的市场中去，平等地与大型企业进行竞争。从这个角度看，网络营销为刚刚起步且面临强大竞争对手的中小企业提供了一个强有力的竞争武器。

4. 交互性

网络营销能使消费者拥有比传统营销更大的选择自由。消费者可以根据自己的特点和需求在全球范围内不受地域、时间限制，快速寻找所需产品，并进行充分比较，有利于节省消费者的交易时间与交易成本。

此外，互联网还可以帮助企业实现与消费者的一对一沟通，便于企业针对消费者的个别需要提供一对一的个性化服务。

7.2 网络营销方式——掘金工具

7.2.1 网络社区营销

网络社区往往是跟商业联系在一起的，一个成熟网络社区的日常运营是需要相关技术和资金支持的，所以在网络社区中的商务也是非常引人注目的。我们了解到一些新的商业知识能够给政府管理网络社区提供一些参考性意见，同时也给政府机关在网络社区中更好地参与管理和创收提供一定的借鉴。网络社区时代有许多新的营销方法，有传统的也有现代的，更多传统与现实相结合的，下面我们来简单了解几个主要的营销方法。

1. 口碑营销

口碑营销是利用口口相传的方式来进行营销，网络社区中常有通过兴趣群、聊天等方式进行相关产品和服务的推荐，这种营销一般在关系比较稳定的亲戚、同学、朋友和同事等之间发生。

案例 7-1 百事可乐的崛起仗

图 7-1 百事可乐 logo

当年百事可乐刚刚创立时，受到了老牌饮料巨头可口可乐的狙击，可口可乐以自己悠久的历史与美国传统文化为卖点，嘲笑百事可乐是一个刚诞生、什么背景都没有的品牌。于是，可口可乐就在广告中用各种"旧"与百事的"新"做对比，从而使许多消费者相信可口可乐是更正宗的可乐。当时的百事还是一个新品牌，没有多强的实力去与可口可乐进行正面对抗，于是百事打出了以"新一代的可乐，新一代的选择"为主题的广告，去宣讲新可乐的好处，并主攻喜欢尝试新鲜事物的年轻人，结果可口可乐铺天盖地的广告反到帮助百事可乐树立了新一代可乐的品牌形象。

2. 播客营销

这种营销方式是随着播客 Podcasting 的出现而兴起的，主要以播客为载体，进行语音、文字、视频的传播，从而达到推广产品与服务的效果。一般而言，这种营销方式面向有共同兴趣爱好的群体，受众目标更为精确。

案例7-2　杜蕾斯初尝甜果

2005 年 4 月，杜蕾斯同播客网站 PodcastAlley 进行了合作，在热门节目"Dawn and Drew Show"中植入广告，进行产品的推广活动。在传统广告中，这种产品比较敏感，不太容易宣传和传播，受"政策照顾"比较多，而这些广告在播客中播出就完全绕开了这一问题。事后证明，杜蕾斯此次播客广告的效果相当好。

3. 电子营销

电子营销是指借助互联网的手段，利用电脑通信技术、数字交互式媒体，以及现代通信技术来实现营销目标的一种营销方式，它综合运用了企业和互联网的资源，以用户为中心，低成本、高收益，越来越引发众多商家的兴趣和参与。

案例7-3　红孩子品牌的崛起

利用互联网广告来吸引消费者的眼球，红孩子广告的主要诉求点为：广告图片＋特价商品＋促销产品＋分期价格，从图片形式、广告设计和广告表现形式等方面都

图7-2　红孩子 logo

突出了商品特色：低价和品牌，广告投放出来达到了预期的目的。

4. 搜索引擎营销

搜索引擎营销就是基于搜索引擎平台的网络营销，利用人们对搜索引擎的依赖和使用习惯，通过对网站结构、高质量的网站主题内容、丰富而有价值的相关性外部链接进行优化，从而使网站在搜索引擎上的优势排名为网站引入流量，尽可能将营销信息传递给目标客户。搜索引擎广告的优势是相关性，由于广告只出现在相关搜索结果或相关主题网页中，因此，搜索引擎广告比传统广告更加有效，客户转化率更高。

案例7-4　BMW的搜索引擎营销

　　BMW 在美国本土使用激进的营销方案：将公司旗下所有的产品名称都放在搜索结果的第一位，同时对用户搜索关键词进行分析、整合排序，并将相关关键词一并购买，使得搜索引擎结果排名也处于首位；同时，与搜索运营商达成精诚合作，利用搜索引擎分 IP 显示关键词技术，联合各地分销商进行本土化宣传，使得搜索结果前两位分别是 BMW 的官方网站和本土经销商网站。

　　BMW 的这一创举，使得 BMW 的品牌得到了更大范围的覆盖，产品出货量和品牌价值得到了更大的提升，也在一定程度上节约了营销成本。

图 7-3　宝马 logo

5. 论坛营销

　　这是以各种社交网络网站为基本载体，通过文字、音视频等方式发布企业的产品与服务等信息，让目标客户能更深入地了解企业的产品与服务，从而达到产品宣传的目的，提升品牌价值和市场份额。

案例7-5　加多宝的品牌宣传

2008 年 5 月 18 日，央视一号演播厅举办"爱的奉献·2008 抗震救灾募捐晚会"，加多宝集体代表阳先生捐款 1 亿元，成为国内单笔最高捐款企业，顿时成为社会热点，加多宝企业也"一夜成名"。

然而，事情还没有结束。就在人们沉浸在对一个民营企业做出如此慷慨行动的赞美中时，一则"封杀"王老吉的帖子在网络热传，从 5 月 19 日开始，在各路论坛，如网易、天涯、QQ 空间等上该帖子均为当日热帖，一时间"让王老吉从中国的货架上消失！"等类似的帖子铺满了国内大大小小的网络社区。加多宝集团一夜之间名利双收，赚得盆满钵满。

图 7-4　加多宝 logo

6. 即时通信营销

即时通信营销即 IM 营销，是指利用 IM 等工具帮助企业来宣传和推广产品与服务的一种手段，主要通过网络在线交流、广告推送等方式进行。

案例 7-6　**刘翔的罪与罚，耐克的爱与恨**

　　2008 年北京奥运会期间，田径运动员刘翔的退赛震惊了各路媒体和社会公众，顿时刘翔的品牌价值岌岌可危。耐克公司在 8 月 19 日向全国各大报纸推出了其连夜赶制的"爱运动，即使它伤了你的心"公关广告。广告选用了刘翔平静的面孔及这样一句广告语："爱比赛，爱拼上所有的尊严，爱把它再赢回来，爱付出一切。爱荣耀，爱挫折，爱运动，即使它伤了你的心"，以求淡化刘翔退赛所带来的风险和公众压力。同时，借助腾讯 QQ 强大的群体进行"QQ 爱墙——祝福刘翔"（nike 品牌墙）活动，一个星期以来，参与人数达到两万人，页面浏览量超过 37 万次。营销专家李蔚教授这样评价：耐克的快速反应和悲情式广告，没有强烈的

图 7-5　"爱运动，即使它伤了你的心"宣传海报

商业味道，符合人们对体育精神的追求和渴望，通过网络参与者的口口传播和直接表达，达到了病毒式营销和二次传播的效果，超越了刘翔简单代言的价值，成为一个比较成功的整合 TM 营销案例。

7. 病毒式营销

病毒式营销是指通过公众的积极性和人际网络，让营销信息像病毒一样传播与扩散，传向数以万计、数以百万计的受众。

案例 7-7　可口可乐的"火炬在线传递活动"

2008 年 3 月 24 日，奥运会火炬传播之际，可口可乐公司推出"火炬在线传递活动。该活动主要内容是网民在争取到火炬在线传递资格后可以获得"火炬大使"称号，本人的 QQ 头像上也会出现一枚点亮的火炬图标。如果该网民 10 分钟内成功邀请到其他好友参加该活动，则此图标将点亮，同时可以获得可口可乐"火炬在线传递活动"的专属 QQ 皮肤，而受邀好友就可以继续邀请下一个好友进行火炬在线传递，以此类推。

该活动得到了众多网友的支持和参与，在短短的 40 天内，参与人数

图 7-6　可口可乐 logo

达四千万，平均每秒有 12 万多人参与。网民们以成为在线火炬手为荣，"病毒式"的链式反应一发不可收拾，"犹如滔滔江水，绵延不绝"。

8. 植入式营销

植入式营销亦称植入式广告，是指将产品或服务或品牌等以视觉、听觉、文字等符号融入电视、电影或相关节目中，给受众留下深刻印象，从而达到营销的目的。网络社区的植入式营销主要通过软文、播客、博客、多媒体互动等形式进行，受众广泛，效果甚好。

案例 7-8　　《一起来看流星雨》开了植入式营销先河

《一起来看流星雨》电视剧中，大量的植入式广告插入其中，一些广

图 7-7　《一起来看流星雨》宣传海报

告在电视剧未播出之际就已大赚特赚，如：MG 名爵、同方笔记本、联想手机、香飘飘奶茶、D&G 腕表等，该剧亦被称为植入式广告"史上最强"和"集大成者"。

9. 事件营销

事件营销是指企业通过策划、组织和利用具有新闻价值、社会影响以及名人效应的人或事件，吸引媒体、社会团体和消费者的兴趣与关注，以求提高企业或产品的知名度，树立良好品牌形象，并最终促成产品或服务的销售的手段和方式。

案例7-1　世界杯与优酷网

2010 年世界杯期间，优酷针对世界杯的举办而推出相关自制节目，进行差异化营销，品牌影响力提升很多。它推出的《大话世界杯》主要面向资深球迷，内容更专业和专注，对真球迷有很强的粘性。而《非球勿扰》则每期邀请明星和当下热门人物进行话题制作，面向伪球迷、非球迷和泛球迷，围绕世界杯期间的八卦趣闻进行展播，娱乐味较重。两档节目的推出，在网络论坛、社交媒体等中引起广泛关注和热烈讨论，一时间优酷网访问量飙升，品牌价值飞涨，达到了其营销预期，是一个非常好的营销案例。

图 7-8　优酷 logo

10. 精准营销

精准营销是指在精确定位的基础上，依托现代信息技术手段建立个性化的顾客沟通服务体系，实现企业可度量的低成本扩张。

案例7-10　比亚迪F3的成功之路

F3 作为比亚迪的第一款中级家庭轿车，在 2005 年一上市即取得了非常棒的销售佳绩，这对于刚进入行业内的比亚迪来说是极具鼓舞性的。

比亚迪在 F3 上市前通过全国呼叫中心以及网络社区、官方 BBS 等途径了解潜在客户对产品的需求、潜在客户的家庭背景情况、汽车使用周期等营销背景，然后集中火力在某一个省进行营销，再逐省逐市地进行市场运作，起到了非常好的效果。通过巡回上市的操作，比亚迪能在市场上以精准的市场定位、产品投放、价格策略、广告投放、亲情服务等取得成功。由于精确营销措施到位，F3 销售业绩非常可观，超出比亚迪预期目标。

图 7-9　比亚迪 logo

11. 微博营销

微博营销是以自身为营销平台，以每个听众或粉丝作为潜在的营销对象，企业或个人利用更新自己的微博来向听众或粉丝传播相关产品信息、服务和品牌，树立良好的企业形象和产品形象，以达到产品或服务营销的目的。同样的，微信营销的模式也是如此。

案例7-11　《致我们终将逝去的青春》是如何火起来的？

赵薇的处女作《致我们终将逝去的青春》电影是如何取得高额票房和良好口碑的呢？首先，赵薇通过与主演演员以及圈内好友进行微博互

图 7-10 《致我们终将逝去的青春》宣传海报

动，高调地亮出其阵容和情节，令粉丝们产生一种"被包围、转发即参与"的感觉。然后通过王菲的主题曲 MV 微博和音乐网站提前曝光，给电影迅速预热，如电影的台词"你神经病啊"还成为新浪微博好几天的热点话题。最后，上映后掀起的怀旧风也推动了票房大涨，一时间怀念青春成为网络社区的热点话题。每个人都有青春，都能从影片中找出自己的影子。通过一系列的微博互动与活动，电影票房取得不错的成绩，同时各位明星也名声大噪，赚得盆满钵满。

12. 体验营销

体验营销是指企业通过让目标顾客观摩、聆听、尝试、试用等方式，使其亲身体验企业提供的产品或服务，让顾客实际感知产品或服务的品质或性能，从而促使顾客认知、喜好并购买的一种营销方式。

案例 7-12　Office的营销之路

微软公司研发销售的 Office 一直深陷盗版泥潭，于是微软公司使用先体验 Office 再决定是否购买的方式进行产品推广，同时与校园先锋进行合作，以推广校园协议版 Office 套装以及降低售价等方式进行营销推广，得到非常理想的效果，正版率一直在提升，改变了以前盗版猖獗的时代，对于微软的发展来说，非常有利。

图 7-11　微软 logo

13. 网络视频营销

在网络营销的历史中，从静态的文字和图片到动态的视频是网络广告的一个大进步。从此网络营销进入了一个新的、一个更加需要创意、一个更有营销力的新时代。那些以视频为主要内容的网站，如，youtube、优酷、六间房等都成了营销人网络营销的新战场。如在5·12大地震后运动品牌361°，凭借一个富有创意的红心视频，而红动中国。

14. 网络游戏植入广告

在互联网上存在着一批4000万到5000万不看电视、不读报、不听广播的网民，他们只爱虚拟的网络游戏世界，天天徜徉在虚拟世界的仇杀爱情中。那怎样才能俘获他们的注意力呢？网络游戏植入广告的出现，给广大广告主提供了一个良好的平台。从此网络游戏从一个只捞网民的钱的游戏终端，摇身一变成为一个具有强大的信息传播能力、有着极大感染力的营销平台。如，雀巢咖啡在《诛仙》中扮演的礼品发放大师，吸引着无数的"蛛丝"为之雀跃。

网络社区营销的模式各种各样，但是要在网络营销中脱颖而出，需要营销人深入地去研究这些模式的内涵，需要创意，需要巧妙的运用。

7.2.2 网络营销新模式

1. O2O 模式

O2O 即 Online To Offline，将线下商务机会跟互联网结合一起，使互联网成为线下交易的前台，这样的话，线下服务可以用来揽客，消费者可以在互联网上进行相关筛选，也可以在线预订、结算，从而实现非常人性化的消费体验。

O2O 模式在一定程度上降低了商家对店铺地理位置的依赖，减少了租金方面的支出。该模式提供丰富、及时、全面的本地商家的产品与服务信息，能够快捷筛选并订购适宜的商品或服务，并且价格实惠。O2O 模式可带来大规模高黏度的消费群体，而且能争取到更多的商家资源。目前主要的 O2O 平台有阿里巴巴、淘宝、大众点评网等。

2. 一站式模式

一站式模式指的是，只要客户有需求，一旦进入企业或政府的某个服务点（线上或线下）就能把所有问题解决，没有必要再去找第二家。

电子商务中，该模式主要是通过互联网给顾客提供更多的产品以及服务，让顾客在家就能实现一站式选购，给消费者带来更多的实惠和便利。而在电子政务中的一站式主要是指商家给政府机构提供一站式服务，包括技术、维护、培训等，从而提高办事效率。

目前主要的一站式商务网站有京东网、一号店、苏宁易购等。

3. 返利模式

该模式主要是企业将销售结果中属于供货方或厂方的利润返还给经销商或代理商，以此表彰、激励经销商或代理商，同时也提高产品销售量和销售人员的积极性。

4. 组团模式

组团模式主要是指各网络商业主体通过合作的方式，将产品进行打包整合销售以实现共赢的模式，该模式能给消费者带来实惠也能给商家带来丰厚利润，同时还可以给中间商带来理想收入，目前主要的网站有美团网、糯米网等。

5. 移动电子商务模式

该模式就是指利用手机、平板等移动终端设备进行的一系列商务活动。这种模式突破了时空限制，消费者可以每时每刻都能进行相关商务活动、交易活动、金融活动以及其他相关的综合服务等。

7.2.3 网络营销新商务代表

图 7-12　铁血君品行网站

1. 铁血君品行

铁血网创立于 1999 年，前身为虚拟战争网（V-WAR），主要提供军事文学、原创小说在线阅读等服务，是我国最早的小说网站之一，后更名为铁血军事网、铁血网，并逐步成为国内最大的老牌军事类社交网站。

铁血君品行是商家对个人类型的商业网站，购物网站的创立来源于铁血网粉丝们的诉求，他们想购入物美价廉的正版军品，但是国内市场当时做这一块的商家特别少，主要以盗版军物为主，而且质量参差不齐，各军迷的抱怨此起彼伏。为了解决这一难题，铁血君品行应运而生，主要销售军事用品，短短几年，取得了辉煌成绩，成为网络社区商务的典型代表之一。

2. 19 楼的大卖场

19 楼是中国最有影响力的社会化网络媒体之一，是专注于提供本地生活信息和情感交流的社交网站，主要提供本地的柴米油盐、衣食住行、吃喝玩乐、生老病死、谈情说爱等接地气的信息。

图 7-13　19 楼 logo

2009 年，杭州十九楼网络股份有限公司投入巨资打造了具有核心竞争力的 SBS 云社区平台，在此基础上构建了具有 19 楼特色的社会化商务模式，致力于为品牌客户提供专业的互动营销服务。

目前，主要的服务涉及 19 楼所在地的各个领域，线上线下活动的丰富开展，极大丰富了 19 楼的营运模式，也为 19 楼的创收提供了非常丰富的途径。婚纱店的选择、礼品的挑选、餐厅的选取、旅店的抉择等与生活相关的服务在 19 楼都可以发现，而且 19 楼所挑选的商家都是经过慎重选择和精心评选的，用户评价很好，是一个比较成功的网络社区商务模式。

3. 蘑菇街的美丽说

蘑菇街是目前国内最大的女性分享导购网站，每天都有上百万网友在这里分享时尚、购物的话题，相互帮助，相互分享。

图 7-14　蘑菇街的美丽说

2011 年蘑菇街上线，作为一个社交论坛而存在，分享各类时尚信息，给各位爱美的女生提供导购帮助。消费者通过网站分享的信息找到理想的物品，然后通过物品介绍页面进入相应的网购地址（一般为淘宝网），从而实现理想产品的购入与蘑菇街品牌的传播。

2013 年 3 月，蘑菇街推出的自由团得到空前的关注，该模式是用户选择自己喜欢的产品然后发起团购，卖家设置团购价钱和时间，当团购数量达到一定量时团购成功。

目前，蘑菇街的社交网站资讯分享核心用户规模已达数十万，这也极大促进了社交网站与商务活动的融合发展，是网络社区商务的又一杰出代表。

7.3　网络营销的未来之路

7.3.1　营销型网站将成为企业网站建设的主流

在若干年前，企业网站一般都被赋予了形象展示、促进销售、信息化应用等使命。经过这些年的发展，事实教育了大量的中小企业，使他们明白了企业网站最重要的还是能够为他们带来客户、促进销售。基于这种大的市场环境，营销型网站的理念浮出水面，并快速被市场和客户接受。用一句话概括营销型网站就是：能够帮助企业带来目标客户，并使其充分了解企业的产品和服务，最终促成网络交易的网站。

7.3.2　D2S 平台

D 即 demand 的缩写，代表需求；2 在英文中和 to 同音，S 即 supply 的缩写，代表供给，D2S 平台就是通过搭建需求平台，以需求来引导供给，有需求的存在才有供给，一切以需求为中心，企业通过在需求平台上的需求信息来寻找到自己所能满足的需求，从而提供相应的需求以获得利润。D2S 网络营销模式可以是企业自己建网站，让客户在网站上直接下订单，也可以是由第三方搭建平台来整合供给和需求。

7.3.3　智慧网络营销

智慧网络营销源于社交网络、移动计算、云计算等先进技术的产生与发展。IBM 将智慧商务定义为一种方法，它在数字技术快速变化的环境中，通过社区、协作、流程优化和分析，帮助企业在购买、销售、市场活动和服务客户等各环节寻求更智慧的途径以整合运作流程，加强互动，增加为客户、合作伙伴和利益相关方所提供的价值，从网络营销的调研、开放、促销、分销等产品线着手，丰富网络营销运作平台，使得网络营销更为智慧。

7.4　网络营销思维及创新

7.4.1　用户思维

1. 用户是核心

互联网思维的核心是用户思维。用户思维，是指在价值链各个环节中都要"以用户为中心"去考虑问题。其他思维都是围绕用户思维在不同层面的展开。没有用户思维，也就谈不上其他思维。互联网消除了传统行业的信息不对称，使得消费者掌握了更多的产品、价格、品牌方面的信息，互联网的存在使得市场竞争更为充分，市场由厂商主导转变为消费者主导，消费者"用脚投票"的作用更为明显，消费者主权时代真正到来。

作为厂商，必须从市场定位、产品研发、生产销售乃至售后服务整个价值链的各个环节，建立起"以用户为中心"的企业文化，不能只是理解用户，而是要深度理解用户，只有深度理解用户才能生存。商业价值必须建立在用户价值之上。没有认同，就没有合同。正如《建国大业》里毛泽东所说："地在人失，人地皆失；地失人在，人地皆得。"

2. 用户参与感是关键

让用户参与品牌传播，即打造粉丝经济。例如在小米的体系中，最重要的"粉丝"叫"荣组儿"，即荣誉开发小组成员，直接参与产品决策。"米粉"应该是小米最为得意的作品，远远超过一个手机、一台电视机。"粉丝"是品牌的一部分，密不可分。互联网时代，创建品牌和经营粉丝的过程高度地融为一体了。粉丝不是一般的爱好者，而是有些狂热的痴迷者，是最优质的目标消费者。因为喜欢，所以喜欢，喜欢不需要理由，一旦注入感情因素，有缺陷的产品也会被接受。所以，未来，没有粉丝的品牌都会消亡。

从艺术角度来讲，郭敬明的电影《小时代》的豆瓣评分还不到 5 分，但这个电影观影人群的平均年龄只有 22 岁，正是郭敬明粉丝的富矿。正因为有大量的"90 后"粉丝"护法"，《小时代 1》、《小时代 2》才创造出累计超过 7 亿元的票房神话。

3. 注重用户体验是目标

在品牌与消费者沟通的过程中，要遵循"用户体验至上"。用户体验是一种纯主观、在用户接触产品过程中建立起来的一种感受。好的用户体验，应该从细节开始，并贯穿于每一个细节，这种细节能够让用户有所感知，并且这种感知要超出用户预期，给用户带来惊喜。互联网公司的产品经理们日夜不停地泡在网上研究用户的使用习惯。历史上似乎从来就没有哪一个大众消费品行业像互联网行业如此重视用户的感受。微信新版本对公众账号的折叠处理，就是很典型的"用户体验至上"的选择。品牌建设的过程，就是打造用户体验的过程。所有环节的产品或服务，都是为了实现用户体验的目标。

7.4.2　产品思维

1. 简约思维

是指在产品规划和品牌定位上，力求专注、简单；在产品设计上，力求简洁、简约，内在的操作流程要简化。苹果就是典型的例子，1997年苹果接近破产，乔布斯重回苹果后，砍掉了 70% 产品线，重点开发 4款产品，使得苹果扭亏为盈、起死回生。2007 年推出了第一款 iPhone，即使到了 5S，到了"土豪金"，也只有 5 款。大道至简，大音希声，越简单的东西越容易传播，越难做。少就是多，专注才有力量，专注才能把东西做到极致。

2. 更新换代快

互联网产品能够做到迭代主要有两个原因：（1）产品从供应到消费的环节非常短；（2）消费者意见反馈成本非常低。"敏捷开发"是互联网产品开发的典型方法论，是一种以人为核心、迭代、循序渐进的开发方法，允许有所不足，不断试错，在持续迭代中完善产品。

这里面有两个点，一个"微"，一个"快"。"微"，要从细微的用户需求入手，贴近用户心理，在用户参与和反馈中逐步改进。"可能你觉得是一个不起眼的点，但是用户可能觉得很重要"。360 安全卫士当年也只是一个安全防护产品，后来也成了新兴的互联网巨头。

"天下武功，唯快不破"，只有快速地对消费者需求做出反应，产品才更容易贴近消费者。Zynga 游戏公司每周对游戏进行数次更新，小米MIUI 系统坚持每周迭代。产品是运营出来的。一个微创新是改变不了世界的，需要通过持续不断的微创新。

传统企业很难做到产品短周期更新换代，如洗衣粉产品做不到一月就迭代。那么如何去构建自身产品或服务与消费者沟通的迭代机制？这里的迭代思维，对传统企业而言，更侧重在迭代的意识，意味着我们必须要及时乃至实时地关注消费者需求，把握消费者需求的变化，应对变化并及时更新产品。

7.4.3 社会化思维

社会化商业的核心是网，公司面对的客户以网的形式存在，这将改变企业生产、销售、营销等整个形态。

1. 利用社会化媒体，口碑营销

举个例子，有一个做智能手表的品牌，通过 10 条微信，近 100 个微信群的讨论，3 千多人的转发，11 小时预订售出 18698 只土曼 T-Watch 智能手表，订单金额 900 多万元。这就是微信朋友圈社会化营销的魅力。社会化媒体应该是品牌营销的主战场，口碑营销的链式传播速度非常之快。以微博为例，小米公司有 30 多名微博客服人员，每天处理私信 2000 多条，提及、评论等四五万条。通过在微博上互动和服务让小米手机深入人心。口碑营销不是自说自话，是站在用户的角度、以用户的方式与用户沟通。

2. 利用社会化网络，众包协作

众包是以"蜂群思维"和层级架构为核心的互联网协作模式，意味着群体创造，不同于外包、威客，更强调协作。维基百科就是典型的众包产品。传统企业要思考如何利用外脑，不用招募，便可"天下贤才入吾彀中"。

7.4.4 网络平台思维

《失控》这本书在互联网圈内很流行，它讲述的外部失控，意味着要把公司打造成开放平台；内部失控，就是要通过群体进化推动公司进化，在公司内部打造事业群机制。平台模式非常有可能成就产业巨头。全球最大的 100 家企业里，有 60 家企业的主要收入来自平台商业模式，包括苹果、谷歌等。平台盈利模式多为"羊毛出在狗身上"，不需要"一手交钱，一手交货"。

1. 打造多方共赢的生态圈

平台模式的精髓，在于打造一个多主体共赢互利的生态圈。将来的平台之争，一定是生态圈之间的竞争，单一的平台是不具备系统性竞争力的。BAT（百度、阿里、腾讯）三大互联网巨头围绕搜索、电商、社交各自构筑了强大的产业生态，所以后来者如 360 其实是很难撼动它们的。

2. 善用现有平台

传统企业转型互联网，或者新的互联网公司创业，当你不具备构建生态型平台实力的时候，那就要思考怎样利用现有的平台。

阿里巴巴公司前任 CEO 马云曾说："假设我今天是 90 后重新创业，前面有个阿里巴巴，有个腾讯，我怎么办？第一点，我如何利用好腾讯和阿里巴巴这样的大平台，我想都不会去想我向它们挑战，因为今天我的能力不具备，心不能太大。"

3. 让企业成为员工的平台

互联网巨头的组织变革，都围绕着如何打造内部"平台型组织"。包括阿里巴巴 25 个事业部的分拆、腾讯 6 大事业群的调整，都旨在发挥内部组织的平台化作用。海尔公司近年来一直在开展"人单合一"，将 8 万多人分为 2000 个自主经营体，让员工成为真正的"创业者"，在海尔的大平台上寻找自己的创业机会，同时配合内部的风投机制，或者员工自己到社会上组织力量，成立小微公司，就是要发挥每个人的创造力，让每个人成为自己的 CEO。内部平台化，对组织的要求就是要变成自组织而不是他组织。他组织永远听命于别人，自组织是自己来创新。

7.4.5　跨界思维

随着互联网和新科技的发展，纯物理经济与纯虚拟经济开始融合，很多产业的边界变得模糊，互联网企业的触角已经无孔不入，零售、制造、图书、金融、电信、娱乐、交通、媒体等互联网企业的跨界颠覆，本质是高效率整合低效率，包括结构效率和运营效率。用互联网思维，大胆颠覆式创新。不论是传统企业，还是互联网企业，都要主动拥抱变化，大胆地进行颠覆式创新，这是时代的必然要求。

7.4.6　大数据思维

大数据在开源技术的推动下正如火如荼地进入快速发展期，包括底层技术的研究、分析工具的研究、应用方法的研究等。缺少数据资源，无以谈产业；缺少数据思维，无以言未来，无论是学术界、商界还是政府都开始正视这不可阻挡的大数据趋势，思考着如何才能有效地通过大数据手段增强自身的竞争力，如怎样更好地抓住用户需求、更好地服务用户，或是如何更好地为人民服务、增强社会影响力等。

在互联网和大数据时代，客户所产生的庞大数据量使营销人员能够深入了解"每一个人"，而不是"目标人群"。这个时候的营销策略和计划，就应该更精准，要针对个性化用户做精准营销。大数据给网络广告带来了巨大的变革，而 RTB（实时竞价广告）是大数据时代下最典型的应用成果，未来几年，RTB 广告必将引领网络广告革命，成为网络广告的主流。RTB 的出现，改变了网络广告的策划逻辑，即从媒体购买向人群的实时购买转变，它所带来的基于大数据的实时精准，规避了无效的受众到达，让广告主、消费者和媒体的利益同时实现最大化。

网络营销是对广告主、媒体和用户的不同角度的服务，而只有整合才能让广告主更准确地把握营销目标。整合又包括渠道整合和模式整合，其中渠道整合涉及跨媒介、跨平台、跨终端三个方面，而这"三跨"又离不开大数据的支持，其中所牵涉的数据的采集、识别、管理等整合行为都是基于大数据的。

例如银泰网上线后，打通了线下实体店和线上的会员账号。在百货和购物中心铺设免费 wifi，意味着当一位已注册账号的客人进入实体店，他的手机连接上 wifi，后台就能认出来，他过往与银泰的所有互动记录、喜好便会一一在后台呈现。当把线上线下的数据放到集团内的公共数据库中去匹配，银泰就能通过对实体店顾客的电子小票、行走路线、停留区域的分析，来判别消费者的购物喜好，分析其购物行为、购物频率和品类搭配的一些习惯。这样做的最终目的是实现商品和库存的可视化，并达到与用户之间的沟通。

此外，实时、精准、效果都是网络营销必然的发展趋势，而这三者依托于大数据的挖掘分析技术和商业智能技术，同时，在通过大数据把数据变得有价值、有意义之后，这三者又都是大数据功效的必然结果。

日前，"棱镜门"事件可谓触动了人们脑中关于隐私的本就绷紧的神经，而网络营销要实现精准，不可避免就要搜集、分析用户的相关信息，那么，这是否对用户的隐私造成了侵犯呢？事实并非如此，棱镜门中涉及的都是互联网媒体型的公司，这些公司都是需要用户注册的，因此拥有用户的个人信息。但网络营销不同，它所依赖的数据是基于 cookie 的，正好和个人用户信息相反，是一种匿名信息。柯细兴解释道，

"cookie 是用户在上网时随机产生的一个数字标识，是一种有时效性的非个人信息，因此，我们认为它是非隐私性的"。

精准营销是以用户在线行为数据为基础的，它不与真实身份相关联，只是在一个可识别的用户 ID 上设定各种具有营销价值的标签，通过这些标签是无法反推出它所代表的真实用户身份的，所以通常广告所涉及的精准营销相对安全。用户真正担心的是掌握真实身份信息的服务提供商能否对他们的信息保密。

现在的大数据还处于初级阶段，距离真正的爆发期还有一长段的距离，但在未来几年，随着更多分析领域底层基础技术的发展，更多良好的易于使用的工具的开发，大数据营销必然会加速发展，涌现出更多更好的应用。

▶延伸阅读：沃尔玛大数据营销案例

"啤酒与尿布"的故事产生于 20 世纪 90 年代的美国沃尔玛超市中，沃尔玛的超市管理人员分析销售数据时发现了一个令人难于理解的现象：在某些特定的情况下，"啤酒"与"尿布"两件看上去毫无关系的商品会经常出现在同一个购物篮中，这种独特的销售现象引起了管理人员的注意，经过后续调查发现，这种现象出现在年轻的父亲身上。

在美国有婴儿的家庭中，一般是母亲在家中照看婴儿，年轻的父亲前去超市购买尿布。父亲在购买尿布的同时，往往会顺便为自己购买啤酒，这样就会出现啤酒与尿布这两件看上去不相干的商品经常会出现在同一个购物篮的现象。如果这个年轻的父亲在卖场只能买到两件商品之一，则他很有可能会放弃购物而到另一家商店，直到可以一次同时买到啤酒与尿布为止。沃尔玛发现了这一独特的现象，开始在卖场尝试将啤酒与尿布摆放在相同的区域，让年轻的父亲可以同时找到这两件商品，并很快地完成购物；而沃尔玛超市也可以让这些客户一次购买两件商品而不是一件，从而获得了很好的商品销售收入，这就是"啤酒与尿布"故事的由来。

　　当然"啤酒与尿布"的故事必须具有技术方面的支持。1993 年美国学者 Agrawal 提出通过分析购物篮中的商品集合，从而找出商品之间关系的关联算法，并根据商品之间的关系，找出客户的购买行为。艾格拉沃从数学及计算机算法角度提出了商品关联关系的计算方法——A prior 算法。沃尔玛从 20 世纪 90 年代尝试将 A prior 算法引入 POS 机数据分析中，并获得了成功，于是产生了"啤酒与尿布"的故事。

第 8 章
网络社区——互联网时代的社会形态

8.1　网络社区随时聊

8.2　网络社区新文化

8.3　网络社区新治理

互联网时代，网络社区成为人们生活中不可或缺的一部分。感到疲惫时，我们可以上天涯、上猫扑看看帖子看看糗事百科，自娱自乐一番；感到快乐时，我们可以去 QQ 空间、去人人网跟好友们分享这份快乐；感到迷惘时，我们可以在百度贴吧、QQ 朋友圈中寻求安慰和鼓舞……总之，虚拟的网络社区在改变着我们的生活方式和情感态度。对于有的人来说，网络社区是一个好东西，因为它可以带来许多未知的新鲜事物，但对有些人而言，网络社区是对自身隐私的侵犯，如网络谩骂、网络欺诈等，所以如何看待网络社区成为当今社会一个非常热门的话题。

本章将从网络社区的基本要素谈起，探寻在新的时代，网络社区到底给我们带来了哪些变化，从而认识并了解社区文化、网络社区商业以及在新的背景下，政府机构如何治理网络社区等。

8.1 网络社区随时聊

互联网技术的发展推动了网络社区的形成，该社区到底有哪些特别之处呢？下面我们来具体看看。

8.1.1 网络社区的起源

在互联网时代，一种新的人类社会组织和生存模式悄然走进了我们的生活，构建起一个超越时间和空间的巨大的人类生活空间，这种虚拟空间有别于传统的封闭空间，它是一张无形的大网，依靠信息技术把人类联结在一起，拓展了人类生活的空间。

8.1.2　网络社区的含义

网络社区是指一群拥有共同兴趣爱好的人，或是术业有专攻的职业人士，通过各种形式的电子网络、电子邮件、新闻群组及聊天论坛等方式组成一个社区。在社区中成员之间彼此能进行沟通、交流与分享信息。

网络社区的主要特点是：通过互联网这个载体进行传播；社区内的成员还可以共享信息且沟通交流；成员可以通过该社区实现自身价值和利益，有归属感。

8.1.3　网络社区的分类

——以信息为基础的社区。该社区的主要行为是分享，主要分为经验分享型、内容分享型和第三方分享型，共三种类型。

——以知识为基础的社区。将信息进行一定的加工处理后进行传播，主要包括专业知识分享和协作任务型两大类。

8.1.4　为何需要网络社区

——归属感。人类具有社会性，在现代社会飞速发展的同时，越来越多的钢筋水泥减少了传统社区中人们面对面交流与沟通的机会，但是网络社区，能够在一定程度上满足人们的心理需求，从而使人们产生了虚拟的归属感。

——价值观。网络社区是基于兴趣爱好等形成的一个小众群体，通过网络社区，人们可以实现自身的价值、奉献出一己之力，从而得到更多的满足感和存在感。社区内的成员有着共同的价值观，更方便交流沟通。

——人际需要。通过网络社区，人们可以结交更多志同道合的朋友，有共同的语言，形成共同的行动目标，构建更良好的朋友圈，为自己的生活、事业和社交提供帮助，提高社交技能。

▶延伸阅读：小世界理论

该理论亦称六度分割理论，即最多通过六个人你就能够认识任何一个陌生人。

有一款叫作"与凯文·培根的六度分隔"的著名游戏，其目标是在图中寻找最长的路径。游戏中的节点是电影明星，节点所连接的是在同一部电影中出演过的明星。此假设是，在该图中没有电影明星与凯文·培根的距离会超过6。更一般的是，任意两个电影明星可以通过最多为6的路径长度相连接。

图 8-1　小世界理论示意

8.1.5　网络社区代表

1. 天涯社区——全球华人网上家园

1999 年 3 月天涯社区创立，自创立以来，它以其开放、包容、充满人文关怀的特色受到了全球华人网民的喜爱。经过十余年的发展，逐渐形成以论坛、博客、微博等为基础交流方式，综合提供个人空间、企业

图 8-2　天涯社区 logo

空间、购物街、无线客户端、分类信息、来吧、问答等一系列功能服务，并以人文情感为特色的大型综合性网络社交平台。2008 年天涯启动开放平台战略，并开始构建天涯生态营销体系，成功研发了新一代网络广告产品，是中国网络社区营销的领航者。

目前，天涯社区每月覆盖品质用户超过 2 亿人，注册用户超过 8000 万人，拥有上千万高忠诚度、高质量用户群所产生的超强人气、人文体验和互动原创内容，天涯社区一直以网民为中心，满足个人沟通、表达、创造等多重需求，并形成了全球华人范围内的线上线下信任交往文化，成为华语圈首屈一指的网络事件与网络名人聚焦平台，是最具影响力的全球华人网上家园。

2. 猫扑社区——中国最具影响力的网络社区

猫扑网是国内最大、最具影响力的论坛之一，是中国网络词汇和流行文化的发源地之一，于 1997 年 10 月建立，2004 年被千橡互动集团并购。经过十余年的发展，目前，它已发展成为集猫扑大杂烩、猫扑贴贴论坛、猫扑 Hi、猫扑游戏等产品于一体的综合性富媒体娱乐互动平台。

图 8-3　猫扑 logo

　　猫扑网主要活跃人群在 18~35 岁之间，主要分布在消费力比较高的经济发达地区，他们激情新锐，思维灵活新颖，乐观积极，张扬个性，追求自我，是新一代娱乐互动的核心人群。凭着创造、快乐、张扬的个性，始终引领中国互联网的文化时尚潮流，影响中国年轻一代，成为众多网民的流行风向标。

　　猫扑社区的核心产品有：猫扑大杂烩、猫扑贴贴论坛、猫扑推客和猫扑城市。

3. 人人网——中国领先的实名制 SNS 社交网络

　　人人网前身为校内网，成立于 2005 年，是中国领先的实名制的 SNS 网络平台。通过每个人真实的人际关系，满足各类用户对社交、资讯、娱乐等多方面的沟通需求。

图 8-4　人人网 logo

4. 百度贴吧——全球最大的中文社区

百度贴吧是百度旗下的独立品牌，是全球最大的中文社区。

贴吧的创意来自百度首席执行官李彦宏：结合搜索引擎建立一个在线的交流平台，让那些对同一个话题感兴趣的人们聚集在一起，方便地展开交流和互相帮助。

贴吧是一种基于关键词的主题交流社区，它与搜索紧密结合，准确把握用户需求。百度贴吧历经 9 年沉淀，拥有 6 亿注册用户、450 万贴吧，日均话题总量近亿个，月活跃用户数有 2 亿，占中国网民总数的 39%。在这里，每天都在诞生神贴，这里是当今网络新文化的发源地。

图 8-5　百度贴吧 logo

5. 世纪佳缘交友网——严肃婚恋交友网站

上海花千树信息科技有限公司（"世纪佳缘"，纳斯达克代码：DATE）运营中国最大的在线婚恋交友平台，通过互联网、无线平台和线下活动为中国大陆、香港、澳门、台湾及世界其他国家和地区的单身人士提供严肃的婚恋交友服务。

2003 年 10 月 8 日，复旦大学新闻学院研二女生龚海燕（北京大学中文系文学学士，网名小龙女）看到身边很多高学历的同学和朋友由于工作学习忙而无法找到理想爱人，就创办了世纪佳缘，并在一年内就成

功找到了自己的先生，且因成就无数美满姻缘而被誉为"网络第一红娘"。自创建以来，世纪佳缘致力于提供可靠、有效、以用户为中心的在线婚恋交友平台，帮助中国单身人士寻找幸福，成为推动中国婚恋交友行业发展的领先者。

图 8-6　世纪佳缘 logo

　　2011 年 5 月 11 日，世纪佳缘登陆美国纳斯达克全球精选市场进行首次公开募股，成为首家上市的中国在线婚恋交友平台。根据艾瑞咨询的数据，2011 年从独立用户访问量以及用户浏览时间来看，世纪佳缘在中国所有婚恋交友网站中均名列第一。截至 2013 年 7 月 7 日，世纪佳缘已拥有逾 9000 万注册用户。

8.1.6　移动网络社区：未来趋势

1. 移动网络社区

　　相对传统的网络社区而言，移动网络社区其实只是其一个变种，它是将传统网络社区整合到移动终端中，通过移动网络进行社区分享与联系的新的社区形式。目前较为流行的网络社区，如猫扑、天涯、人人、新浪和世纪佳缘等网站均开发出自身的 Wap 移动平台，适应安卓、苹果和 WP 等移动终端平台，具有更广阔的发展前景。

2. 微论

　　继微博和微信后，微论进入大众的视眼。所谓微论，是指有成员管理的小众论坛，是以 BBS 为核心功能的群组产品，也是天涯社区无线客户端的核心产品。

　　微论的特点主要有：用户自主开版、自主管理；有成员管理，成员受邀或经批准才能进入；可以创建公开的来吧或私密的部落等。

8.2　网络社区新文化

　　网络社区是一个充满乐趣和自娱自乐的地方，这里有许多你意想不到的惊喜。随着"80 后"渐渐退居幕后，以"90 后"为主要代表的新生代力量登上历史舞台，形成了独具特色的网络社区文化，此文化风靡中国乃至世界，下面我们来看几个热门的社区文化类型。

8.2.1　"我"文化

　　"我"文化是网络社区中个人形象塑造和情感表达的一种文化。网络时代，人们的社会交往不再局限于面对面的交流与沟通，而是通过互联网中各种丰富的社交软件、社交论坛以及其他形式的网络社区交流软件，在虚拟的世界中展示个人魅力、个人特长、个人观点以及与个人相关的其他方面，以此获得自身的满足感、实现自身的价值、得到他人的认同。

　　"我"文化其实是一种自我身份鉴别的过程，在网络社区中，大家通过志同道合的朋友分享或讨论饶有趣味的共同话题，如通过微博分享个人生活信息，通过豆瓣小组讨论有趣话题，在优酷网发布个人形象片，在 flickr 中分享个人图集等等，在此过程中树立自身的品牌、培育自身的价值观念、形成一种独立的具有辨识度的身份认同。同时，通过各种社交软件达成自我身份的认可，也对别人的虚拟身份给予认同，在此基础上形成自我的人生观、价值观和世界观。

　　"我"文化是互联网时代独特的文化，深刻影响着社会的发展，是时代的一个缩影。每个个体都可以在互联网中表达自己的意见和看法，分享自己的生活和爱好，网络社区把所有这些个体联结在一起形成独具特色的网络社区文化，指引着社会的发展，影响着社区内每个个体的价值观。

延伸阅读：网络游戏"第二人生"Second life

《第二人生（Second life）》是一款独特的网络游戏，于 2003 年推出。该游戏打造了一个独特的虚拟空间，人们可以根据自己的需求和爱好在游戏虚拟世界里搭建自己的房子、塑造自己的形象、拜亲访友、进行商务活动，甚至是谈情说爱。玩家可以在里面饰演不同的生活角色，即"居民"，在游戏中创造自己的财富，拥有物品的所有权和销售权，跟实际的生活相比少了一种实际存在，更多地体现了每个实际自我在虚拟社会中的塑造和认可，是一种情感表达，也是一种生活态度的展现。

图 8-7　第二人生游戏 logo

8.2.2 "粉丝"文化

"粉丝"一词是 fan 的中文翻译,亦称"迷"文化。

生活中常见的"粉丝"有许多,如歌星影星粉丝、动画动漫游戏迷、电视电影迷等,这类群体都对某一类自己所喜欢的人或事有着近乎疯狂的崇拜,被他们吸引,并将他们视为自己的偶像和行为准则膜拜者。

粉丝群体作为"粉丝"文化的一部分,其团队意识异常坚定,他们在网络社区中可以因为某一相同的信念,为了同一个目标走到一起而凝聚为一个强大的团队,推动自己所喜爱的对象成为耀眼的明星。专业粉丝团的形成正是"粉丝"群体的一个缩影。粉丝群体的强大力量也推动了社会各类选秀和绯闻炒作的成功。

图 8-8 "粉丝"文化

　　但是"粉丝"文化也有一些负面影响，如不理智的追星、追捧。最著名的例子是粉丝杨丽娟疯狂"迷"恋刘德华。看不到别人的努力，只顾表象，盲目崇拜和信仰，缺乏自律，都是"粉丝"文化的不足之处。

　　随着商业化的融入，粉丝文化也掺杂着各类浮躁和商业铜臭之气，日益引起更多社会和民众的注意。

8.2.3 "晒"文化

　　"晒"文化是指网络社区中，社区成员通过发帖或其他方式展现自己生活中的喜怒哀乐，以此得到更多社区成员的共鸣，形成一种网络舆论和热潮的文化现象。

图 8-9 "晒"文化

　　网络社区中最常见的晒有：晒美食、晒幸福、晒工资、晒自拍、晒花销、晒秘密、晒苦、晒老师、晒房子等等。

　　"晒"文化正成为一种个人联合个人对抗强大现实的方式，是一种个人寻找群体的联络方式，有着无法抵抗的力量，成为网络社区文化的一道靓丽风景线。

8.2.4 "屌丝"文化

　　"屌丝"一词起源于足球运动员李毅的百度贴吧，该贴吧以讨论足球为主，同时也有各种生活八卦等帖子。

　　所谓屌丝，是指那些处于社会底层、无钱无权、相貌平平、没结婚对象的群体。他们往往随遇而安，在职场、情场等中处于郁郁不得志的状态。

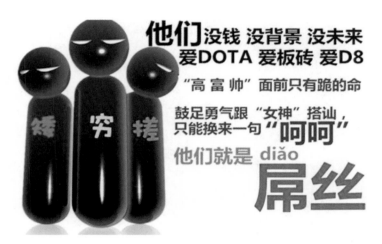

图 8-10 屌丝文化图

目前比较流行的与屌丝文化相关的影视作品有：《屌丝男士》、《屌丝女士》和《电车男》等。

网络社区中的屌丝文化其实是一种自嘲，也是一种对成功的渴望，同时也缺乏对女性的尊重。屌丝文化不仅得到了许多媒体的关注也得到了许多网友的追捧，在网络社区中形成一种强大的文化氛围。其实，"屌丝"文化不过是又一种网络亚文化的崛起，它意味着更多人获得了自己诠释生活的权利。

8.2.5 "恶搞"文化

所谓的"恶搞"文化指的是对严肃主题加以解构，从而构造出另具喜剧或讽刺效果的胡闹娱乐文化，是网络社区中网民们自娱自乐的表现形式之一。常用的表现手法有改编节目、图片修改等，是网络社区文化的一个流行元素。

图 8-11 恶搞文化缩影

著名的恶搞事件有，胡戈改编陈凯歌《无极》电影为《一个馒头引发的血案》、央视春晚节目《千手观音》被改编成各种版本，网民老湿吐槽西游记等，其中一些著名的恶搞团队有百度贴吧中的胥渡吧、淮秀帮等，它们以诙谐的语言和讽刺夸张的手法来表现社会生活，展示出强烈的草根性和平民化色彩，在网络社区中得到许多网友的热捧和支持。

8.2.6 网络社区热词扫一扫

1. 中国梦

2012 年 11 月 29 日，在国家博物馆参观复兴之路展览之后，习总说："何为中国梦？我以为，实现中华民族伟大复兴，就是中华民族近代最伟大中国梦。现在比历史上任何时期都接近这一目标。"这一重要讲话极大鼓舞振奋了全国人民，也同样在网络上引起网友热议，复兴之路、中国梦成为网络热词。

图 8-12　中国梦海报

2. 坑爹

该词来源于中文配音版《搞笑漫画日和》贴纸一话，意思是与本人意愿有很大出入、欺骗和不给力，多用于善意的讽刺、嘲笑或吐槽。"坑爹"也可以指"坑我"。

图 8-13　"坑爹"形象图

3. 正能量

正能量本来是物理学上的一个名词，但在大家听着众多道德滑坡的论调、看着大量负面新闻时，"正能量"三个字逆势成为我们生活中的一个网络热词。

正能量一词较早被大家广泛使用是在北京"7·21"特大暴雨中，一批批救援者的行动被诠释为正能量的释放和传递。没有人给"正能量"下过准确定义，但很多人已经开始习惯给所有温暖的、积极的、健康的、催人向上的人和事，贴上"正能量"的标签。

图 8-14 "雷锋"正能量

4. 你幸福吗

2012 年中秋、国庆双节前期，央视推出了特别调查节目《幸福是什么？》。"你幸福吗？"这个简单的问句，引发当代中国人对幸福的深入思考。一位清徐县北营村务工人员面对记者的提问时，用眼神上下打量了一番提问的记者，一脸茫然，然后答道："我姓曾。"这段对话也让收看该期节目的观众忍俊不禁，引发了对什么是幸福的舆论探讨。

5. 表叔

"表叔"一词来源于 2012 年 8 月 26 日陕西延安"8·26"特大交通事故现场。该事件中时任陕西省第十二届纪委委员及省安监局党组书记、局长杨达才赶赴事故现场。一位记者偶然拍下了杨达才在车祸现场的微笑。微笑的照片激起了网民愤怒，随后人们发现他手上戴着价值不菲的名表。这引发网友对他进行人肉搜索。网友从这位官员身上"搜"

图 8-15　"表叔"形象图

出了各种名表，杨达才因此被网友们称为"表哥"。不久，"微笑表哥"杨达才被双规。又有民众在网上"挖"出"福建表叔"，再度引发热议，有网友直接对该官员的财富来源提出质疑。自此之后，有类似情节的"房叔"、"房嫂"等名号开始出现。现在一般用"表叔"来表示权势官员等一类人。

6. 卖萌

萌在动漫中是指一种使人感受到不夹带杂质的美好情感如喜爱、欣赏等的令人心情愉快的形象。

卖萌就是可以展现自己的"萌"，也就是说知道自己很萌的情况下，再故意展示自己的萌。一般该词用作表达装可爱、表现一些可爱的动作和言语等行为。

6. Hold 住

"hold 住"一词来源于香港，是中英混用词。在 2011 年 8 月 9 日的综艺节目《大学生了没》中，Miss lin 的口头禅是"整个场面我要 hold 住"，导致"hold 住"一词红遍网络。

"hold 住"就是指面对各种状况都要控制把持住，坚持，保持住，充满自信，从容地应对一切。比如你在地铁、商场、办公室等一切公共场合遇到棘手的突发状况，你可以大喊一句"hold 住"，当然也可以低声说给自己听，告诉自己要淡定、充分相信自己可以搞定一切！

图 8-16　Hold 住姐

7. 普通青年、文艺青年、二 B 青年

普通青年是正常、低调的代名词；文艺青年都是"小"字辈儿：小资、小众、小清新等；二 B 青年则是指有点呆傻、缺心眼，往往有种不合时宜的耿直或迷糊。

一个例子很能说明这三者之间的差异：比如，下雪了，三个青年会怎么反应呢？

普通青年：我可以陪女朋友打雪仗了。

文艺青年：雪花纷飞，飘落的是我的忧伤。

二 B 青年：雪拌点白糖真好吃。

8. 元芳体

元芳体是网络流行语言风格，其句式为前面陈述一件事情，在最后会加上一句"元芳，你怎么看？""元芳体"来源于《神探狄仁杰》系列电视剧，剧中狄大人常对李元芳说："元芳，此事你怎么看？"有网友截图总结出四部剧中狄仁杰中一脉相承，这简直成了狄大人的口头禅，而李元芳的回答也固定化，"大人，我觉得此事有蹊跷。""此事背后一定有一个天大的秘密。"2012年 10 月，这一惯有的片断被网友吐嘈，并跟风模仿形成了"元芳体"，产生各种版本。

图 8-17 元芳体

9. 甄嬛体

随着电视剧《后宫甄嬛传》的热播，剧中的台词也因其"古色古香"、包含古诗古韵而被广大网友效仿，并被称为甄嬛体。不少观众张口便是"本宫"，描述事物也喜用"极好"、"真真"等词，瞬间"甄嬛体"红遍网络。

甄嬛体的使用是网民自娱自乐的方式之一，也是排遣工作生活压力的好方法。

10. 江南 style

江南 style 是 2012 年度神曲冠军，其歌词并不复杂，但音乐节奏深具感染力，MV 则是搞笑风格，其中反复出现的"骑马舞"动作简单，风靡全球。全民性的疯狂恶搞、翻拍模仿版本层出不穷，奥巴马版、周星驰版、美国海军版、婚礼版、屌丝版、女生宿舍版等在网络上被疯狂转载。而宁波网民更是发挥创造力制作出了宁波版江南 style、阿拉 style、慈溪 style 等搞笑版本。

图 8-18　鸟叔形象图

图 8-19　"辽宁舰" style

　　2012 年 11 月 25 日中国首艘航母"辽宁舰"成功起降歼 -15 舰载机后，舰载机指挥员在起降过程中的手势动作引起中国网友的浓厚兴趣，指挥员凌空一指的姿势被网友戏称为"航母 Style"。一时间，男人、女人、胖子、瘦子、消防、交警……无数网友上传了他们向指挥员指挥歼 -15 起降姿势"致敬"的图片，连"少年派"中的老虎也被拉扯了进来，PS 的"走你"动作令人忍俊不禁。

　　11. 2012

　　《2012》是一部关于全球毁灭的灾难电影，它讲述的是在 2012 年世

图 8-20　2012 海报

界末日来临时，主人公以及世界各国人民挣扎求生的经历，是灾难片大师罗兰·艾默里奇的又一大作。

　　该电影的上映也引起了世界各国人民对世界末日的探讨，诸如登船、玛雅预言等词都成为流行词，是一个时代的缩影。当然，世界末日预言是假的，我们要相信科学，要相信权威。

图 8-21 杜甫很忙涂鸦

12. 杜甫很忙

2012 年 3 月，杜甫突然在网络爆红，关于他的涂鸦图片在微博上疯转。在这些对语文课本图片的"再创作"里，杜甫时而手扛机枪，时而挥刀切瓜，时而身骑白马，时而脚踏摩托……

在网友们的手中，历史上过得苦兮兮的"诗圣"形象完全被颠覆，从 1200 多年前的唐代，"穿越"到现代，被网友戏称为"杜甫很忙"。

8.3 网络社区新治理

网络社区的超越时空性、匿名性等特征给传统的政府网络治理带来很大的挑战，那么新时代下，我们政府机构和部门该如何管理好网络社区，实现社会的长治久安和可持续发展呢？

8.3.1 网络社区治理目标

1. 打击网络违法犯罪

网络社区中充斥着诸如色情、谩骂、人身攻击、谣言等危害社会稳定和国家安全的信息，这些都需要我们的政府机构坚定打击网络违法犯罪的信念，营造一个和谐的网络社区氛围，给用户提供良好的网络社交环境，促进社会和谐发展。

2. 合理引导舆论导向

网络谣言的传播引起许多人对网络舆论的担忧，合理的舆论引导有助于维护社会公平与正义，促进社会正能量的传播。网络社区治理需要坚定这一理念，正确引导社区舆论导向，不偏离党的基本政策方针，为建设更高水平的小康社会和谐秩序提供保障。

3. 有法可依，违法必究

法治社会需要更多规范化的法律规范和约束，无规矩不成方圆。坚定有法可依、违法必究的态度，有助于推动法治社会建设，促进人与社会的共同发展，让民众拥有更加良好的网络社交环境。

4. 尊重隐私、正当程序

网络是虚拟的，我们需要尊重网民的个人隐私，不触犯法律底线，不干扰网民的正常网络社交活动，提倡人性化执法，以人为本，促进网络社区良好氛围的形成。

5. 不侵犯公民权利

这一目标体现了社会主义和谐制度的优越性，我国是人民当家作主的国家，公民权利不容侵犯。网络社区中，虽然每个人是虚拟存在的，但也享受基本的权利和义务。因此，政府机构在处理网络社区问题时必须严格遵守此点，打造一个和谐的执法氛围。

8.3.2 网络社区治理方法

1. 制定法律法规

完善的法律法规能够给执法机构提供执法依据，也可给民众以警醒。

有了基本的法律保障，更加和谐的网络氛围才能构建，这样也有助于推动我国网络社区事业的发展，促进互联网技术的更新与进步。目前应当积极制定和完善与网络监管、网络社区规则等相关的法律法规。

2. 搭建沟通平台

政府机构应该搭建与民众及时交流的平台，如政府微博发布、政府E-mail 交流、政务之窗等门户网站的设立以及其他方式，通过沟通交流，向民众及时传达权威信息，稳定社会秩序，避免谣言、网络暴力事件发生，从而更好地缓和社会矛盾，提升政府机构办事效率，提高服务质量。

3. 应用先进技术

从网络监管到网络治理是一个进步，网络社区治理需要更先进更稳定更安全的技术作为支撑，从前台的搭建到后台数据库的维护等都需要一定的技术和资金支持，有了技术支持，交流沟通才能顺畅，网民交流渠道才会更通畅。

4. 阳光政府平台

一个阳光的政府是社会主义和谐社会建设的需要，也是网络社区治理的必然要求。政府作为服务型机构，在网络社区治理中有着举足轻重的地位。一个阳光政府平台能够及时向公众传达政务资讯、国家国际前沿资讯等，让民众更好地了解世界和这个国家，增强对政府的信心，促进和谐社会的发展。

5. 管理理念转变

政府机构应当改变以前固执传统的执法监管理念，要灵活运用各种先进理念和管理方法进行网络社区的治理，积极参与，主动答疑，及时化解矛盾，将网络社区的矛盾降到最低，最大限度地防止事件变大，同时应当加强自身的学习和培训，积极接纳新事物，共同促进社会主义事业的发展。

6. 媒体合作协调

三个臭皮匠赛过诸葛亮的道理大家都是明白的，仅仅依靠政府机构来治理网络社区，那是不够的。网络时代，我们的网络社会媒体要发声，有了它们的合作，不仅可以合理引导舆论，还可以实现相关信息的权威发布传播，有助于维护社会的稳定和秩序，保证网络社区的和谐繁荣与健康发展。

7. 监管体系完善

监管是手段，监管体系的完善可以锦上添花。政府机构在网络治理中的角色是服务者而非管理者，所以只能把监管体系作为一个工具来使用。政府应当发扬阳光积极的理念，向网民传播积极的正能量，促进社会和谐发展，更好地维护改革发展成果，推动中华民族伟大复兴事业的繁荣发展。

第 9 章
网络安全——硝烟弥漫的互联网战场

9.1 网络安全的基本概念

9.2 网络安全的大国博弈

9.3 网络安全是国家安全的战略组成部分

9.4 美国网络安全战略对我国的启示

网络安全是指网络系统的硬件、软件及其系统中的数据受到保护，不因偶然或者恶意因素而遭受到破坏、更改、泄露，系统连续可靠正常地运行，网络服务不中断。随着科技的发展，人类已经进入信息化时代，每个人都可以很容易地通过各种方式获取资讯，这应该说是得益于互联网的发展。但与此同时，危机也已经悄悄地来到了我们身边。

9.1　网络安全的基本概念

9.1.1　什么是网络安全？

网络安全的具体含义会随着"角度"的变化而变化[1]。比如：从用户（个人、企业等）的角度来说，他们希望涉及个人隐私或商业利益的信息在网络上传输时其机密性、完整性和真实性得到保护，避免其他人或对手利用窃听、冒充、篡改、抵赖等手段侵犯用户的利益和隐私，同时也避免其他用户的非授权访问和破坏。从本质上讲，网络安全就是网络上的信息安全，是指网络系统的硬件、软件及其系统中的数据受到保护，不因偶然的或者恶意的因素而遭到破坏、更改、泄露，系统可连续可靠正常地运行，网络服务不中断。广义来说，凡是涉及网络上信息的保密性、完整性、可用性、真实性和可控性的相关技术和理论都是网络安全所要研究的领域。网络安全涉及的内容既有技术方面的问题，也有管理方面的问题，两个方面相互补充、缺一不可。技术方面主要侧重于防范

---

[1] 沈凯：《网络信息安全概述》，2008 年 MIS/S&A 学术交流会议论文集，2008。

外部非法用户的攻击，管理方面则侧重于内部人为因素的管理。如何更有效地保护重要的信息数据、提高计算机网络系统的安全性已经成为所有计算机网络应用必须考虑和必须解决的一个重要问题。

9.1.2　网络安全问题的产生

可以从不同角度对网络安全做出不同的解释。一般意义上，网络安全是指信息安全和控制安全两部分。国际标准化组织把信息安全定义为"信息的完整性、可用性、保密性和可靠性"；控制安全则指身份认证、不可否认性、授权和访问控制。

互联网与生俱有的开放性、交互性和分散性特征使人类所憧憬的信息共享、开放、灵活和快速等需求得到满足。网络环境为信息共享、信息交流、信息服务创造了理想空间，网络技术的迅速发展和广泛应用，为人类社会的进步提供了巨大推动力。然而，正是由于互联网的上述特性，产生了如下许多安全问题。

——信息泄漏、信息污染、信息不易受控。例如，资源未授权侵用、未授权信息流出现、系统拒绝信息流和系统否认等，这些都是信息安全的技术难点。

——在网络环境中，一些组织或个人出于某种特殊目的，进行信息泄密、信息破坏、信息侵权和意识形态的信息渗透，甚至通过网络进行政治颠覆等活动，使一国的国家利益、社会公共利益和各类主体的合法权益受到威胁。

——网络运用的趋势是全社会广泛参与，随之而来的是控制权分散的管理问题。人们利益、目标、价值的分歧，使得信息资源的保护和管理出现脱节和真空，从而使信息安全问题变得广泛而复杂。

当人们访问他们不应访问的信息时，或他们企图对网络或其资源做非法的事时，我们称这样的企图为攻击。

9.1.3 威胁网络安全的恶意计算机程序

1. 流氓软件

"流氓软件"，是形容网上散播的如同"流氓"一样令人讨厌的软件。

以下几个软件在我国遭到较多投诉，被认为是典型的流氓软件：马云旗下雅虎中国的雅虎助手、中国互联网络信息中心的中文上网官方版软件、中国电信的星空极速、百度的超级搜霸、Claria、zhongsou.com、7939.com、my123.com、3488.com、qq5.com。

2. 木马

木马在计算机领域指的是一种后门程序，可用来盗取其他用户的个人信息，甚至可远程控制对方的计算机，然后通过各种手段传播或者骗取目标用户执行该程序，以达到盗取密码等各种数据资料等目的。木马程序有很强的隐蔽性，随操作系统启动而启动。

中毒症状：木马的植入通常是利用了操作系统的漏洞，绕过了对方的防御措施（如防火墙）。植入木马程序的计算机，因为资源被占用，速度会减慢、莫名死机且用户信息可能会被窃取，导致数据外泄等情况发生。

解决办法：大部分木马可以被杀毒软件识别清楚。但很多时候，需要用户去手动清除某些文件、注册表项等。不具有破坏防火墙功能的木马，一般可以被防火墙拦截。

著名木马：海外有 Back Orifice（BO）、NetBus Pro、SUB7；我国大陆有广外女生、广外男生、灰鸽子、蜜蜂大盗、Dropper。

3. 病毒

计算机病毒是指编制者在计算机程序中插入的破坏计算机功能或者破坏数据，影响计算机使用并且能够自我复制的一组计算机指令或者程序代码。电脑病毒往往会影响受感染电脑的正常运作。病毒作者首先确定要攻击的操作系统操作版本有何漏洞，然后写出可以利用此漏洞的病毒。主要通过网络浏览及下载、电子邮件、可移动磁盘等途径迅速传播。

4. 钓鱼式攻击

钓鱼式攻击，又名"网钓法"或"网络网钓"，是一种企图从电子通信中，通过伪装成信誉卓著的法人媒体以获得如用户名、密码和信用卡明细等个人敏感信息的犯罪诈骗过程。

网钓通常是通过 e-mail 或者实时通信进行的。这些通信都声称自己来自风行的社交网站、拍卖网站、网络银行、电子支付网站或网络管理者等，以此来诱骗受害人，从而导引用户到接口外观与真正网站几无二致的假冒网站，输入个人数据。

5. 黑客与白客

"黑客"一词最早用来称呼研究盗用电话系统的人士。在信息安全里，利用公共通信网络，在未经许可的情况下，进入对方系统的被称为"黑帽黑客"。而调试和分析计算机安全系统的被称为"白帽白客"。在业余计算机方面，"黑客"指研究修改计算机产品的业余爱好者。

根据另一说法，黑客已经被分为红客、白客、灰客。红客是一些技术过硬但又不屑与那些破坏者为伍的人；白客就是安全防护者，专门防护网络安全；灰客则是破坏者，蓄意破坏系统，进行恶意攻击等。

9.2 网络安全的大国博弈

2014 年 5 月 6 日,《中国国家安全研究报告（2014）》在京发布。报告指出，当前网络安全问题凸显，网络空间成为大国新的争夺战场，网络战也成为继太空战后新的战争形式。2013 年，美国等西方国家大肆炒作"中国网络威胁论"、"棱镜门"秘密监听项目、国内网络谣言所引发的社会震荡及其对于公共安全的危害，成为与中国互联网相关的三大热点问题，再一次凸显了中国面临的网络安全威胁问题。

9.2.1 西方国家炒作"中国网络威胁论"

近年来，美国等西方国家将宣扬"中国威胁论"的战场转移到互联网领域，无中生有地炒作所谓"中国网络威胁"，进入 2013 年这种炒作力度不减。2013 年 2 月，美国 Mandiant 网络安全公司发布《高级持续威胁：揭秘中国从事网络间谍活动的单位》报告，首次公开指名道姓地指责中国军方（上海某 12 层楼）发动对美的网络攻击，将"中国网络威胁"炒作推向高潮。此后不久，美国国防部发表 2013 年度涉华报告，也声称中国政府采取网络间谍的方式推进中国军事现代化。

9.2.2 国内网络空间安全治理

国内网络空间安全治理也已成为维护国家安全与社会稳定的重要组成部分。2013 年中央集中开展打击网络谣言专项行动，先后打掉了以

"秦火火"、"立二拆四"为首，以牟取暴利为目的的制谣传谣团伙；抓获了通过互联网敲诈勒索和编造虚假恐怖信息的周禄宝、制造"中石化非洲牛郎门"等谣言以泄愤报复的傅学胜等人。

　　总体而言，网络空间专项整治活动，对规范我国网络秩序、净化网络环境、维护国家网络与信息安全意义重大，并已初见成效。

9.2.3　网络空间的大国博弈

　　世界各国为争夺网络空间制信息权，围绕保持网络空间发展权、保护互联网用户隐私、打击网络犯罪、防止威慑和阻止网络空间破坏行为等问题展开了一系列角逐。

　　2013 年 3 月，美国网络司令部司令亚历山大称，美国国防部正在组建 40 支网络部队，其中 13 支专注于"进攻性"行动。可见，对"中国网络威胁"的炒作完全是为了推行美国网络部队建设、达成美国自私的目的而寻找的借口。其他大国也已深刻认识到网络空间安全的战略意义，纷纷出台相关安全政策，增设相应机构。2013 年 1 月、5 月、8 月、9 月，澳大利亚、日本、俄罗斯和英国分别提出自己的网络军队建设计划和措施。

　　建设和平、安全、开放、合作的网络空间，是国际社会的共同期待，但这绝不意味着能对其中的潜在风险和威胁掉以轻心。无数事实反复说明，网络空间不是"大同世界"，网络安全自己不去维护，网络权益自己不去争取，没有人会来主动帮我们。网络战场没有硝烟，但也足以致命，我国只有把主导权攥在自己手中，才能千磨万击还坚劲，任尔东西南北风。

9.3 网络安全是国家安全的战略组成部分

9.3.1 网络安全应上升为国家战略

网络空间已成为网民社交、娱乐和交易等的主要场所，渗透到各行各业、组织、机构中，成为影响社会稳定的关键要素、引起社会变革的主要动力，成为国家发展中不可或缺的战略资源。但我国对网络的控制力尚有不足，对信息资源的把握仍有疏漏，距建成网络强国的目标仍有差距。经过"棱镜门"事件，必须重新认识网络安全问题的战略意义，真正看到网络经济创新力和信息安全保障力。明确网络空间的影响力及互联网管理能力将关系到在未来可能爆发的战争中的生死存亡，关系到信息时代的荣辱兴衰。

9.3.2 网络安全战就是技术的较量

"棱镜门"及其后来曝光的"巧言"和 Tempora 计划，均展示了美英两国在网络监控、海量数据的挖掘、收集和分析技术等领域的领先地位。我们不得不承认美国在信息和通信技术领域始终拥有着绝对优势，全球计算机及网络信息系统使用的操作系统和芯片、数据库、路由器等核心技术，以及互联网领域的各种核心服务运营等，都牢牢掌握在美国手中。安全问题就是技术互相攻防的问题，是技术的较量。现在一些ATP 攻击，是长期潜伏再逐渐渗透的结果，如果没有更高的技术就不能发现它们。所以如果不在技术上有创新突破的话，受制于人的被动局面就不那么容易改变。

9.3.3　维护网络安全必须举国家之力

网络与信息安全的战略意义和高层次的科技含量，决定了政府必须从最高层面加以统筹谋划，整合和优化国家力量。参考美国的经验，政府在维护网络与信息安全中应发挥好立法先行、善用规则、营造环境三方面的作用。

> **延伸阅读："棱镜门"事件**

英国《卫报》和美国《华盛顿邮报》2013 年 6 月 6 日报道，据美国中情局前职员爱德华·斯诺登爆料："棱镜"窃听计划，始于 2007 年的小布什时期，美

图 9-1　"棱镜门"的主角斯诺登与奥巴马

国情报机构一直在九家美国互联网公司中进行数据挖掘工作，从音视频、图片、邮件、文档以及连接信息中分析个人的联系方式与行动，包括微软、雅虎、谷歌、苹果等在内的 9 家国际网络巨头皆参与其中。监控的类型有 10 类：信息电邮、即时消息、视频、照片、存储数据、语音聊天、文件传输、视频会议、登录时间、社交网络资料的细节等。其中包括两个秘密监视项目，一是监视、监听民众电话的通话记录，二是监视民众的网络活动。美国舆论随之哗然。

2014 年 5 月 26 日，中国互联网新闻研究中心发表《美国全球监听行动纪录》。纪录内容指出，英国、美国和中国香港媒体相继根据美国国家安全局前雇员爱德华·斯诺登提供的文件，报道了美国国家安全局代号为"棱镜"的秘密项目，内容触目惊心。中国有关部门经过了几个月的查证，发现针对中国的窃密行为的内容基本属实。

作为超级大国，美国利用自己在政治、经济、军事和技术等领域的霸权，肆无忌惮地对包括盟友在内的其他国家进行监听，这种行为的实质早已超出了"反恐"的需要，显示出其为了利益完全不讲道义的丑陋一面。这种行为悍然违反国际法，严重侵犯人权，危害全球网络安全，应当受到全世界的共同抵制和谴责。

美国对全球和中国进行秘密监听的行径包括：

——每天收集全球各地近 50 亿条移动电话纪录。

——窥探德国现任总理默克尔手机长达十多年。

——秘密侵入雅虎、谷歌在各国数据中心之间的主要通信网络，窃取了数以亿计的用户信息。

——多年来一直监控手机应用程序，抓取个人数据。

——针对中国进行大规模网络进攻，并把中国领导人和华为公司列为目标。

美国的监听行动，涉及中国政府和领导人、中资企业、科研机构、普通网民、广大手机用户等。中国坚持走和平发展道路，没有任何理由成为美国打着"反恐"旗号进行秘密监听的目标。

美国必须就其监听行动做出解释，必须停止这种严重侵犯人权的行为，停止在全球网络空间制造紧张和敌意。

9.4 美国网络安全战略对我国的启示

21 世纪初期美国政坛先后经历了比尔·克林顿、乔治·沃克·布什和巴拉克·奥巴马三位总统，三者对美国网络安全战略体系的构建与完善起到了至关重要的作用。21 世纪初美国网络安全战略在演进历程上具有鲜明的时代属性，彰显出美国政府顺应国内外信息网络安全形势变化而及时调整战略部署的政治思维。了解美国网络安全战略的演进，全面把握这三阶段美国政府在网络安全建设上的思维脉络，是美国网络安全战略研究的基础和保证。

通过对美国网络安全战略实施的研究，认清其实施基础的特殊性，借鉴其实施主体的合理构成，了解其实施模式与手段，忖度美国政府真实的战略意图，对民族国家制定符合自身国情的网络安全战略具有极为重要的意义。

9.4.1 美国国家网络安全战略变迁

1. 比尔·克林顿政府（1997~2001 年）的网络安全战略 ❶

比尔·克林顿政府之于美国网络安全战略的生成与发展做出重大的贡献。20 世纪末，美国政府对以往信息网络安全政策进行整合，并最终将其提升至国家安全战略的高度予以重视。比尔·克林顿政府于 1999 年 12 月首次在国家安全战略中正式运用"网络安全"这一概念，将之从"信息安全"中剥离出来，并将 2000 年 12 月的《全球时代的国家安全

---

❶ 刘勃然：《21 世纪初美国网络安全战略探析》，吉林大学博士学位论文，2013。

战略》誉为"首个国家网络安全战略"。21世纪初,比尔·克林顿总统对美国政府的领导虽然短暂,却保持着20世纪末美国网络安全战略的思维惯性,其网络安全战略举措亦为乔治·沃克·布什和巴拉克·奥巴马政府相关战略的制定提供了重要参照。有鉴于此,对比尔·克林顿第二任期美国政府网络安全战略的研究显得格外必要。

20世纪90年代中后期的美国国家安全环境极为特殊。苏联的解体使美国国家安全承受的压力大为降低,然而这并不意味着美国国家安全的威胁来源不复存在,国际安全局势在短短几年时间发生了新的变化。其一,美国国家安全威胁的种类增多,"非对称性"攻击,尤其是网络攻击日益威胁着美国国家政治、经济、军事等领域关键基础设施的安全。其二,在美国的带动下,全球信息基础设施建设之势风起潮涌,各国纷纷制定相应计划以实现传统经济向"新经济"的转型,竞争实力显著提升,这对美国网络经济产生了一定的冲击。其三,冷战结束后,美国政府在全球的领导地位处于不断强化的过程中,然而当时的国际环境并不如美国政府所愿,1992年干涉索马里、1998年轰炸伊拉克、1999年空袭南联盟等一系列对外军事行动使美国的国际形象受到影响。美国国家安全环境的新变化需要比尔·克林顿政府网络安全战略的及时跟进。加大全国范围信息网络基础设施的建设与保护力度,进一步促进网络经济健康、稳定发展,确保网络信息的自由流动以推进海外民主和人权,"塑造"对美有利的国际安全环境,同时对各种危机做出迅速有效的"反应",成为比尔·克林顿第二任期美国政府的重要使命。需要指出的是,比尔·克林顿政府对网络安全战略重要意义的认识经历了一个渐进的过程,由起初的"技术政策"升华到2000年的"国家战略",这一时期美国政府先后出台了《关键基础设施保护》、《互联网免税法案》、《信息保障技术框架》、《保卫美国的网络空间——信息系统保护国家计划》、《互联网非歧视法》、《全球及全国商业电子签名法》及《全球时代的国家安全战略》等多个文件以增强国家对信息网络的防护。

综而观之，比尔·克林顿第二任期美国政府网络安全战略是由一系列相关文件构建而成的，这些文件虽显零散，却令美国政府网络安全战略"雏形初显"，战略轮廓日臻清晰。该时期的网络安全战略虽凸显了美国政府对信息网络安全工作的重视，却不断强调"信息自由与信息开放"的重要性，主张在加强和保护信息网络安全的同时应该促进而非抑制经济等领域的利益。其中隐含着美国政府企望建立一个美国治下的、开放的全球信息网络空间，以利于美式价值观推广和美国经济长足发展的战略意图。在"适度安全"的原则下，美国政府的"信息开放"实质上带有鲜明的政治色彩，这为乔治·沃克·布什和巴拉克·奥巴马政府网络安全战略的制定提供了可借鉴的宝贵经验。

2. 乔治·沃克·布什政府的网络安全战略

乔治·沃克·布什上台伊始，美国国家安全环境即因"9·11"恐怖袭击事件而发生急剧变化。这一事件打破了美国本土"天然免疫"的神话，改变了乔治·沃克·布什政府对威胁来源与性质的判断，使其认识到对美国国家安全构成直接、紧迫威胁的并非像中国那样的"拥有可怕资源基础的军事对手"，而是具有极大隐蔽性和破坏性的、没有疆界、无拘无束的恐怖主义活动；这种威胁并非源于敌对国家的军队与战舰，而是源于少数心怀仇恨者手中的"灾难性技术"。由此，乔治·沃克·布什政府将"反恐"作为美国国家安全战略的核心目标。在网络空间，大量恐怖分子以信息网络为媒介对美国日益依赖的信息网络基础设施发动频繁攻击，极大威胁着美国国家安全利益，"网络恐怖主义"已成为美国政府的心头大患。对恐怖主义及其支持国的网络安全防范和对其推行"先发制人"的针对性打击遂成为美国政府网络安全工作的核心任务。在乔治·沃克·布什执政的八年中,美国政府先后出台了《爱国者法案》、《国土安全法案》、《电子政府法案》、《网络空间安全国家战略》及《国家网络安全综合计划》等一系列相关文件,加大了对国家网络安全利益的维护及对"网络恐怖主义"的打击力度。

统而言之,"9·11"恐怖袭击事件令美国政府自冷战结束以来积聚的自信受到打击,这一论断从乔治·沃克·布什政府网络安全体系的建设重点即得到证明。受该事件的影响,这一时期美国政府的网络安全战略带有明显的"反恐"色彩,乔治·沃克·布什也成为名副其实的"反恐总统"。与比尔·克林顿时期美国信息开放的"适度安全"战略相比,乔治·沃克·布什政府的网络安全战略总体上趋于保守。然而从网络安全的实现手段上看,这一时期的美国政府已逐渐将安全合作的视野转向国际层面,这为巴拉克·奥巴马政府面向国际领域的网络安全战略的制定铺平了道路。总体来看,乔治·沃克·布什时期美国政府的网络安全战略在前任政府的基础上取得了长足发展并趋于成熟。

3. 巴拉克·奥巴马政府的网络安全战略

2008年的全球金融海啸令美国国家安全环境发生了进一步变化。全球金融海啸给美国国家实力造成一定程度的打击,美国在全球的领导地位和国家形象受到一定影响。巴拉克·奥巴马上任后的首要任务即调整国家战略的总体方向,摆脱金融危机,促使美国经济复苏,巩固美国的领导地位。网络经济的繁荣是增强美国国家经济实力的重要维度。同时,网络传媒国际政治效能的日益凸显及网络空间国际机制建构中权力争夺的不断加剧引导着美国政府将国际政治权力诉求的视阈拓展至网络空间。

随着世界信息网络安全形势的新发展，以国家为主体的网络攻击模式日益引起了美国政府的高度重视。巴拉克·奥巴马政府对网络安全的认知发生了新变化：一方面，美国政府愈发重视通过国际社会的"联合应对"来解决网络空间安全问题；另一方面，随着网络安全技术的日新月异，美国政府希图通过国际合作，将自身的信息网络技术优势有效转化为更大的政治效能。为此，巴拉克·奥巴马政府出台了一系列重要文件，以实现对美国网络空间安全利益的护持。

统而观之，巴拉克·奥巴马政府的网络安全战略系对美国以往网络安全战略的拓展与升华，其战略体系已趋于完善。与乔治·沃克·布什政府相比，巴拉克·奥巴马网络"新政"更为灵活，更具"外向"性。从巴拉克·奥巴马网络"新政"的出台，到近期美国政府的一系列相关举措，我们可以发现巴拉克·奥巴马政府网络安全战略异于前任的两个突出特点：一是充分发挥信息网络的国际与国内政治效能，使之成为美国政府谋求政治利益最大化的重要手段。巴拉克·奥巴马在总统竞选阶段即充分利用 Facebook 和 Twitter 等网络社交媒体而成功当选，并利用这两大网络社交平台大肆宣扬"网络自由"，成功导演了中东、北非政局更迭，堪称"美国首位互联网总统"。二是谋求网络外交的"多边主义"。与在传统国际政治领域反对"单边主义"、提倡"多伙伴世界"的构想相应，巴拉克·奥巴马政府亦谋求在网络空间与传统盟友的多边国际合作。正如《网络空间国际战略》所言："我们应通过双边、多边和国际层面的合作将世界上更多的国家带入信息时代，达成维护互联网及其核心功能的共识。"然而，我们也应认识到，巴拉克·奥巴马网络"新政"在一定程度上对美国政府的网络空间行动进行了"包装"，并未真正脱离"单极世界"和"帝国思维"的传统观念，网络空间国际合作的背后仍是对网络主导权的追逐。

9.4.2 美国网络安全战略演进的特征

1. 承袭与发展的统一

从比尔·克林顿第二任期至巴拉克·奥巴马上台，美国政府在每一阶段的网络安全战略均体现出在承袭前任政府网络安全战略优点的基础上与时俱进的特征，从而形成了承袭与发展的有机统一。

从承袭角度来看，乔治·沃克·布什与巴拉克·奥巴马政府在网络安全战略关键环节上皆对前任政府的努力予以高度重视，并对已制定的相关政策予以借鉴吸收。在信息网络基础设施的保护方面，比尔·克林顿第二任期里美国政府颁布的《关键基础设施保护》、《信息保障技术框架》、《保卫美国的网络空间——信息系统保护国家计划》及《全球时代的国家安全战略》等文件均对信息网络基础设施安全予以强调，《保卫美国的网络空间——信息系统保护国家计划》还制定了详细应对方案。乔治·沃克·布什政府亦出台《爱国者法案》、《国土安全法案》及《国家网络安全综合计划》等相关文件以加强信息网络基础设施安全工作。巴拉克·奥巴马政府更是发布《网络空间国际战略》、《网络安全和互联网自由法案》等文件以保持对信息网络基础设施安全的重视。在法律保障方面，比尔·克林顿第二任期的《互联网免税法案》、《互联网非歧视法》和《全球及全国商业电子签名法》，乔治·沃克·布什任期的《爱国者法案》、《国土安全法案》、《电子政府法案》和《反垃圾邮件法》，及巴拉克·奥巴马任期的《网络安全法》和《网络安全和互联网自由法案》等法律规范分别对美国信息网络安全、经济繁荣发展、互联网自由、公民隐私保护等方面进行了多维建构，美国信息网络相关法律保障体系日趋完善。在隐私保护方面，三位总统均强调隐私保护的重要性。《保卫美国的网络空间——信息系统保护国家计划》、《网络空间安全国家计划》、《网络空间国际战略》等文件均提及了隐私问题，且皆认为在实现信息网络安全的同时能够做到维护公民隐私甚至加强对它的保护。

从发展角度来看，乔治·沃克·布什与巴拉克·奥巴马政府对前任政府的网络安全战略绝非照抄照搬，而是有所创新。在信息网络基础设施的保护方面，受"9·11 事件"的巨大影响，乔治·沃克·布什政府的相关保护措施具有极强的针对性，在建立全国网络空间安全响应系统的同时，重点从"技术"环节入手，加强对技术缺陷、操作不正确性以及技术产品的疏忽等问题的重视，进而减小恐怖组织通过互联网从外部发动攻击的可能性，降低信息网络基础设施的脆弱性。巴拉克·奥巴马执政后，权力的欲望促使美国政府对信息网络基础设施保护的内涵予以扩展，"网络安全"不仅是维护本国信息网络的一种安全状态，更是美国妄图打开世界各国网络空间"门户"的政治口号。正是出于此种目的，巴拉克·奥巴马政府网络安全战略的建设重点由国内转向了国际，通过对信息网络不发达地区的技术投入加强该地信息网络基础设施建设，从而实现对该地信息资源的掌控。在法律保障方面，比尔·克林顿政府的《互联网免税法案》、《互联网非歧视法》及《全球及全国商业电子签名法》侧重于经济发展和政府效率的提高。乔治·沃克·布什政府的《爱国者法》、《国土安全法案》、《联邦信息安全管理法案》及《反垃圾邮件法》则将保障重点转向应对"网络恐怖主义"为美国国家安全带来的新挑战，加强信息安全建设。巴拉克·奥巴马政府的《网络安全法》、《网络安全和互联网自由法案》及《网络空间国际战略》在进一步加强信息安全保障的同时，更加关注国际网络犯罪预防相关机制的制定。在隐私保护方面，乔治·沃克·布什与巴拉克·奥巴马政府对前任政府的发展主要体现于信息网络安全同公民隐私之间的矛盾解决方案上。《保卫美国的网络空间——信息系统保护国家计划》认为合法的网络监控是必要的，这种监控正是用于发现"网络滥用"，进而保护公司和用户的隐私权不受"无理侵犯"。《网络空间安全国家战略》则提出通过国土安全部设置的隐私官与隐私倡导者、行业专家和广大市民定期的磋商得出解决方案，以确保"国家网络空间安全响应系统"相关机制与公民隐私的适当平衡。《网络空间国际战略》则指出，美国政府在与民间团体和非政府组织合作、制定保障措施的同时，应鼓励保护有效商业数据隐私的国际合作，制定相互认可的法律以促进对隐私和创新的保护。

2. 防御与进攻态势的转变

21世纪初美国网络安全战略的发展经历了由"被动防御"转向"主动进攻"、由"技术保障"转向"综合威慑"的过程，攻防态势的显著变化是21世纪美国政府网络安全战略演进的重要特征。

20世纪90年代末，为促进网络经济持续、快速和健康发展，同时继续通过互联网向世界传播美国的意识形态与价值观念，塑造对美国有利的国际安全环境，比尔·克林顿政府希图通过"开放的信息系统"进一步发挥信息革命的"外溢效应"。这一时期美国政府的网络安全战略格外重视网络空间的"经济繁荣"和"信息的开放与自由"，更加强调"适度安全"基础上的信息自由流动为美国带来的利益。1998年5月的《关键基础设施保护》第63号总统令即要求，在加强与保护信息安全的同时，应该促进而非控制其他方面的利益，比如信息技术开发所带来的经济收益。有鉴于此，比尔·克林顿第二任期美国政府的网络安全战略在防御与进攻态势上采取了"防御为主"的"适度安全"政策，如通过多层次、纵深的"深度防御"措施来确保信息系统及用户信息的安全，以保障电子商务的正常运行；通过构建民用机构"联邦入侵检测网络"（Federal Intrusion Detection Network，FIDnet）和国防部"计算机网络防卫联合特遣部队"（Joint Task Force-Computer Network Defense，JTF-CND）等入侵检测技术体系，建立全国范围内的"攻击响应、攻击后重建和恢复系统"，以预防和应对来自国内外的网络入侵和攻击行为。同时，对新建和正在运行的信息网络系统实施定期的风险评估，根据信息系统因缺乏安全性所致后果的严重程度采取"适当的"等级保护。总体观之，这一时期美国政府的一系列网络安全举措还局限于对网络入侵与攻击行为的被动应对，这也成为 21 世纪初美国上下长期陷于铺天盖地的网络攻击"阴霾"之中的重要原因之一。

与比尔·克林顿第二任期美国网络安全战略形成鲜明对比的是，乔治·沃克·布什政府的网络安全战略表现出"攻防并重"的特色，在态度上颇为主动，这主要缘于"9·11 事件"对美国上下的强烈刺激。"9·11 事件"带给美国的不仅仅是国格受辱、人员伤亡和财产损失，更带来安全问题思维方式的变革，令其认识到：仅凭单一的防御性措施被动应对隐蔽性与突发性极强的网络入侵与网络攻击收效甚微。这一思维方式变化令美国政府将网络安全战略的重点由单一的"防御"转向了"攻防并重"。一方面，乔治·沃克·布什政府针对"网络恐怖主义"攻击采取了主动防御的政策。2001 年 10 月，即"9·11 事件"发生后一个月，《爱国者法案》即被国会通过，从该法案的全称——《使用适当手段来拦截和阻止恐怖主义以团结和强化美国之法案》便可发现其所具备的极强针对性。根据法案内容，警察机关有权搜索电话、电子邮件、医疗、财务和其他种类的记录；并减少了对于美国本土外国情报单位的限制。参议院还批准了在网络服务提供商技术设备上安装"Carnivore"系统，以监视每一个用户的互联网活动，包括电子邮件信头、浏览过的网页、下载过的东西。这一法案极大侵犯了美国素来标榜的民主自由，它的通过标志着在"9·11事件"阴影笼罩下美国公众隐私权向网络安全的重大让步，也标志着乔治·沃克·布什政府的网络安全政策转向"保守"。另一方面，乔治·沃克·布什时期美国政府对恐怖组织及其支持国进行了"先发制人"的针对性网络进攻。以伊拉克战争为例，2003年3月20日美英联军向伊拉克发动首轮空袭，而在此之前的2月底，美军的第一轮网络攻击即已开始。短短几天内，数千名伊拉克人在电子邮箱中皆发现一封"发件人"被掩盖的信件，其内容为"放弃吧！起义并倒戈。到另一方来，否则美国人就开战了"。美国情报系统向伊拉克社会影响力较大的主流阶层不断发送电子邮件，列举萨达姆总统执政20年来的种种"罪状"，企望通过"网络心理战"分化萨达姆阵营，这迫使伊拉克政府迅速封锁了全国的电子邮件系统，只允许网民使用统一的邮箱服务器uruklink.net，并过滤掉了其他服务器的全部邮件。3月14日，美国"黑客"秘密攻击了巴格达的电脑网络并使之瘫痪，造成伊拉克国家电视台一度无法正常工作。3月19日晚，美国特种部队甚至潜入巴格达和提克里特（萨达姆的家乡），通过手提电脑入侵并关闭伊拉克的通信系统和电力设施，切断了萨达姆与其他高级指挥官的联系。

乔治·沃克·布什时期美国政府的海外用兵为美国带来了"巨大"的人员伤亡，实体战争不可避免的军事代价令美国政府将国家安全战略的重点由传统战场转向网络空间。巴拉克·奥巴马执政伊始做出了2项重大调整，削减了包括F22战机在内的传统军事武器，却大幅增加对网络攻击武器的投入，这昭示着美国政府希图通过网络"利器"所能实现的"实体瘫痪"最大限度地接近传统军事投入所能达到的战争效果，进而以较小代价取得战争的胜利。网络攻击武器研发力度的加大彰显出巴拉克·奥巴马政府网络安全战略的新特点：由"攻防并重"转向"进攻为主"，在态度上更为主动。这一推断在巴拉克·奥巴马政府随后筹建美军网络司令部的举措上得到印证。2009 年 6 月，美军网络司令部正式宣告成立，2010 年 5 月正式启动，其主要功能在于统筹美军网络空间军事行动。11 月，美国网络司令部司令基思·亚历山大（Keith Alexander）提议当局授权该机构在全球范围内展开"先发制人"的网络攻击，通过网络司令部强大的"进攻能力"有效维护美国网络安全。与乔治·沃克·布什政府相比，巴拉克·奥巴马时期美国网络司令部的"先发制人"策略在内涵上更具广泛性：当发现敌方可能对美国目标发动网络攻击时，美方抢先封杀对方网络；若追踪发现敌方使用恶意软件，美方可设法修改敌方电脑所用代码，使相应软件失效。在确保信息网络安全的途径上，巴拉克·奥巴马政府较前任政府更为全面和灵活。一方面，通过构筑网络空间"国际联盟"、建构网络空间国际机制，以"集体安全"应对与日俱增的（尤其是日益凸显的以国家为主体的）网络攻击问题。另一方面，以世界领先的信息网络安全技术为基石，运用综合威慑手段，尤其是传统国际政治领域的军事威慑护持美国信息网络安全利益，正如《网络空间国际战略》指出的，"必要时，美国将对网络空间的敌对行为做出回应，就像我们回应国家的其他威胁一样。为了保卫我们的国家、我们的盟友、我们的合作伙伴和我们的利益，我们保留使用一切必要手段的权利——外交、信息、军事、经济以及适当的和适用的国际法律"。

3. 安全合作范围的扩展

作为国家安全战略的重要实施模式与手段，安全合作一直备受美国政府青睐。纵观 21 世纪美国政府的网络安全战略，三任总统在网络安全合作上凸显出鲜明的扩展性：合作重心由国内向国际社会偏移，国际合作的领域不断拓宽。

比尔·克林顿第二任期里美国政府将网络安全合作的重点置于国内，主要加强政府与私营部门的技术合作。2000年1月《保卫美国的网络空间——信息系统保护国家计划》呼吁政府与私营业主必须齐心协力，结成前所未有的合作关系。"联邦政府负责培育青年科学家，协助私营部门制定信息技术的保护措施"，"政府和私营部门应确认关键信息网络的重要资产、互依赖性与脆弱性，然后制定并实施实际可行的方案去修复其脆弱性，同时不断地更新评估和修复工作"，"可能攻击的警告、某些合适的攻击事件和脆弱性数据都将被私营部门、州及地方政府共享。这些信息对提高他们的防卫能力极为重要"。该计划虽同时提出了网络空间国际规范合作的构想，指出"政府正与其他国家委派的执法机关合作，建立加强国际合作的系统，寻找常用的途径，判定未经授权的关键网络系统入侵与攻击行为的违法性"；亦指出应"加强国防部与其他国家及国际组织在改进境外军事基地的基础设施保障和应急计划、支持情报活动等方面的军事协调"，这些设想却未能在比尔·克林顿第二任期得以充分实施。

乔治·沃克·布什上台后，美国政府的网络安全合作开始向国内层面与国际层面的"平衡点"发展。一方面，乔治·沃克·布什政府继续加强与私营部门的网络安全合作。2003年2月的《网络空间安全国家战略》提出，"联邦政府应努力发展私营部门间的合作伙伴关系，共同致力于提高网络安全意识、培训人员、刺激市场力量、确认并减少脆弱性等"，并确认了"网络安全反应"方面的8项主要行动计划，位居其首的便是"建立应对全国性网络攻击事件的公共与私营部门合作体系"。同时，"鼓励私营部门发展维护网络安全运行的能力，还应改善并加强公共与私营部门在网络攻击、威胁及脆弱性方面的信息共享"。此外，"国土安全部应向私营部门和其他政府机构提供技术援助，在关键信息系统失灵时能制定出紧急恢复计划"。另一方面，乔治·沃克·布什政府大力加强同其他国家及国际组织在网络空间安全技术、安全机制及军事领域的合作。在安全技术合作上，《网络空间安全国家战略》指出，美国政府"支持建立美国国内和国际的监测与预警网络，以便探测并阻止可能出现的网络攻击"。在安全机制合作上，2001 年 11 月，即"9·11 事件"发生两个月后，乔治·沃克·布什政府即与欧洲理事会的 26 个欧盟成员国以及加拿大、日本和南非等国共同签署了《网络犯罪公约》（Cybercrime Convention），并于 2007 年 1 月正式加入该公约。这标志着美国政府对制定国际网络安全技术标准的态度发生巨大转变，也意味着美国开始积极利用国际机制来应对日益增加的网络安全威胁。在网络空间军事合作上，美国领衔多国举行了"网络风暴"系列的跨部门、大规模网络攻击应对演习。通过 2006 年美、英等 4 国"网络风暴 1"演习中模拟恐怖分子及"黑客"的网络攻击，和 2008 年美、英、澳等 5 国"网络风暴 2"演习中应对 1800 多项的安全挑战，美军的网络空间攻防能力得到了极大提升。

巴拉克·奥巴马时期美国政府的网络安全合作极具"外向性"，其战略重心向国际层面偏移的趋向格外明显。这种趋向性主要表现为以下 3 个方面：一是政府与私营机构国内层面的安全合作日益迈向"国际化"轨道。在前任政府的不懈努力下，美国国内公私技术合作体系日趋成熟，"过去的 10 多年来，公私伙伴关系促进了信息共享，并为美国重要基础设施保护和网络安全政策奠定了基础。在这一时期，联邦政府与私营部门共同建立了大量信息网络安全相关论坛"。这是巴拉克·奥巴马政府将战略视角转向国际领域的重要保证。有鉴于此，2009 年 5 月的《网络空间政策评估》进一步指出，要进一步"建立起政府和私营部门间的伙伴关系，进行国际合作并制订国际准则。美国需要拥有一个全面的架构，以确保政府、私营部门和我们的盟国在发生重大网络事件或威胁时，协调一致地做出反应和进行防御"。二是网络空间国际技术合作与军事合作得到了继续深化。在安全技术合作上，2011 年 5 月的《网络空间国际战略》指出，"全球分布式网络需要全球分布式预警能力，我们必须继续在全球范围形成新的计算机安全事件响应能力，并加强计算机网络互联和防御能力"。同时，巴拉克·奥巴马政府"将继续维护域名解析系统（DNS）的稳定与安全，并继续支持多方利益相关者的工作"。在网络空间军事合作上，美国政府通过规模不断扩大的网络空间联合军演积累了宝贵的实战经验，同时与更多国家在网络空间联合军事行动中逐渐达成默契。2010 年 9 月，美、英、法、德、意、日等 13 国举行的"网络风暴 3"联合军事演习反映出美军的网战水平在不断提高，技术在不断成熟。值得关注的是，巴拉克·奥巴马政府的国际网络安全合作思维中凸显了"同盟资源"的重要意义，将美国政府在传统国际政治领域已掌握的政治资源引入网络空间，希图通过建立美国网络空间霸权体系下的政治、军事"同盟"或"准同盟"，以网络空间"集体安全"来应对新时期美国网络安全面临的新挑战。这一点被《网络空间国际战略》体现得淋漓尽致。该战略指出："网络空间的挑战也创造了美国与盟友及军事伙伴之间新的工作方式"；"美国将继续在军事和民间领域与我们的盟国和伙伴共同努力，拓展态势感知并共享预警系统，以提升我们在和平或危机时期携手合作的能力，并发展在网络空间集体自卫防御的方法和手段。

这种军事联盟和伙伴关系将加强我们的集体威慑能力，并加强美国对其他国家和非国家势力的防御能力。"巴拉克·奥巴马政府建立网络空间政治、军事"同盟"或"准同盟"的新思维使其宣扬的国际网络安全合作实现了向"政治维度"的重要扩展。

9.4.3　美国网络安全战略对我国的启示

21 世纪初美国网络安全战略具有重要的现实意义，其所产生的正负"能量"皆为世界带来了重大变化。通过对新时代美国网络安全战略的分析，我国在其经验和教训中得出以下几点重要启示。

1. 将网络安全战略提升至国家核心战略的高度

随着全球网络化程度的日益提高，信息网络将普遍成为国家机器运转的"神经系统"，网络安全关系到国家政治、经济、军事等诸多领域的安全利益，其战略意义不容小觑，"网络战争"是中国输不起的"战争"。美国是世界超级大国，引领着全球科技的发展方向，亦在一定程度上成为世界各国战略制定的"风向标"。近年来，美国政府在网络安全领域政策频出，足显其对网络空间战略的高度重视。美国政府的一系列举措引起了我国政府的充分关注，中国互联网络信息中心（CNNIC）近年来多次发布国家互联网络发展状况统计报告，已将信息网络安全建设提上议事日程。然而，仅从安全技术角度建设网络空间远远不够，在信息网络传媒如此普及的今天，我们更应认清信息网络的强大政治效能。中国在信息领域起步较晚，又尚未完全掌握互联网核心技术，处处受制于人，若对网络空间的战略地位判断不足，极易在未来的网络空间权力博弈中处处被动，疲于应对。我们应从核心战略的高度重视互联网，建立完善的网络安全保障机制，加大对网络建设的投资力度，将网络发展视为关乎国计民生的长远大计，唯有如此，方能在未来网络空间的综合实力与权力竞争中立于不败之地。

2. 提高网络技术自主研发能力

随着信息化的深入发展，网络技术对民族国家安全利益的护持、综合竞争力的积淀及国际政治权力的诉求具有日益重要的战略价值，信息网络技术持有国凭借自身技术优势谋取网络空间政治、经济利益的实例不胜枚举。我国在信息领域起步较晚，目前，我国信息网络核心技术还依赖以美国为首的网络技术发达国家，网络硬件（如 CPU、网桥等设备）和网络软件（如数据库、操作系统等）大多有赖于进口，这不免令我国在网络空间国际政治舞台上受制于人。同时，进口信息网络技术产品难免存在安全隐患，我国政治、经济、军事等领域的信息网络关键基础设施仍未脱离美国等网络技术发达国家的"安全绑架"，政府、企业和个人的重要信息仍无法摆脱被窃取和泄露的困扰。有鉴于此，网络技术自主研发的战略意义在不断变化的国际网络空间安全形势面前越发凸显。中国政府应将网络技术发展的立足点建立在自主研发的基石之上，提高信息网络核心技术的自主研发能力，打造中国自己的网络技术品牌，鼓励网络技术创新，构建精良的网络科技人才梯队，争取在全球网络技术领域的领先地位。

3. 强化中国政府对网络舆情危机的应对能力

美国政府"网络外交"为中国政治安全带来的挑战令我们不得不思考网络舆情危机及我国政府应对能力的建设问题。美国"网络外交"的重要意图即通过各种手段酿造网络舆情危机，扰乱目标国家的政治秩序，进而复制中东、北非政治变局。中国是一个目前拥有 13 亿人口的政治大国，各种利益群体交杂而居，各群体及成员在日常生活中难免由利益和价值观等复杂因素诱发社会突发事件。近年来，美国政府及其网络传媒通过各种途径夸大甚至歪曲我国的社会突发事件，酝酿、深化和扩散网络舆情危机，这一定程度上助推了社会群体性事件的产生与发展，甚至引发了恶性暴力事件，对我国政治安全产生了极为不利的影响。目前，我国政府对社会网络舆情的监控力量不够充足，防范应对手段较为单一，尤其在一些少数民族地区，网络舆情危机一旦爆发，地区政府习惯于采取切断该地区对外网络联系、统一管制该地区网络通信的手段。这种"封"、"堵"之策虽在一定程度上维护了社会秩序的稳定，却只能"治标"而无法"治本"，过度的"封"、"堵"闭塞了信息，亦容易引发民怨，让人联想起"防民之口胜于防川"的古训，不利于我国政府形象的维护。有鉴于此，政府应强化网络舆情危机的应对能力，尤其应重视教育引导能力的提升。从网民分布来看，我国网民学历结构呈现出比例失调的特征，其中初、高中网民比例过大，占网民总数的近70%。初、高中青少年的社会阅历较浅，对是非的判断能力不足，极易为境外势力所利用，根据这一特点，政府应提升初、高中学校对这一阶段青少年学生的引导能力，初、高中学校应加强教师舆情事件解读能力的培训，正确引导学生的舆论走向，鼓励、宣扬积极、正向的舆论，疏导消极舆论，在师生间展开广泛讨论，及时纠正学生的错误思想，消除其不良情绪和消极态度，使初、高中青少年群体免受网络谣言的"蛊惑"，这是网络时代对我国初、高中学校教师提出的新要求，也是这一阶段学校教育的特殊性和重要性所在。此外，政府网络舆情安全能力的强化还应体现在网络舆情监控、危机防范与应急处理能力上，政府应加大对网络舆情监督体系的资金和技术投入，同时建立危机防范和应急处理机制，针对各种可能出现的舆情危机，我国政府相关机构应制定详尽的舆情危机处理预案，做到未雨绸缪。

4. 加大中国网络文化的弘扬力度

中国的传统文化向来倡导"和",重视"和谐"、"和为贵",这种"尚和"文化自然将延伸至网络空间,中国网络文化内涵中的"和谐网络世界"理念符合全世界各民族国家的共同利益,亦道出了各国民众的共同心声。然而近年来,中国在崛起过程中屡屡遭到以美国为首的西方国家政府及媒体的诟病,被视为"威胁","中国威胁论"不绝于耳。在网络空间,这些媒体亦相应渲染中国"网络威胁论",其深刻根源在于文化方面的差异,在于世界对中国文化的了解不够深入。文化差异所导致的误解使中国在现实与虚拟空间所做的维护国家主权和利益的正当行为亦被人误解为对他国的威胁。中国在网络空间权力博弈中所面临的不利环境亦源于此。因此,我们应加大中国网络文化的弘扬力度,让世界了解中国,理解中国在传统国际政治领域和网络空间的行为与意图,消除对中国的猜疑,这是我国在未来扭转上述被动局面的重要保证。

第 10 章
网络语言——互联网时代的话语体系

10.1 光怪陆离的互联网语言

10.2 互联网语言的特点

10.3 2013 年度十大网络用语

10.4 网络语言走进政府部门

网络语言，又称为互联网语言，是互联网上所衍生的日常用语，是伴随着网络的发展而新兴的一种有别于传统平面媒介的语言形式。网络语言是年轻人的一种调侃语言，它的出现是年轻人发挥想象力和创造力的结果。经过这几年的发展，一些生动有趣的语言逐渐成为网络语言的主流，出现的频率相当高，并在线下也得以扩散。

10.1　光怪陆离的互联网语言

"囧"、"槑"等字眼"雷"倒了社会大众；"凡客体"、"织围脖"、"山寨"、"宅"等用词折射出人们的生活形态；"小月月"的出现让"芙蓉姐姐"、"凤姐"、"犀利哥""神马的"都成了"浮云"；从"打酱油"、"俯卧撑"到腾讯大战 360 的"我们刚刚做出了一个非常艰难的决定"，都有力地传达了大众的讽刺和抗议。"蛋疼"、"鸡冻"、"给力"、"杯具"等成为人们常常挂在嘴边的词语……

这些词或生动幽默，或鞭辟入里，或荒诞滑稽，在不同层面上反映了社会上各种光怪陆离的现象，代表着社会大众的心声。

10.2　互联网语言的特点

互联网语言在形式上呈现出符号化、数字化、字母化的特点，而在内容上呈现出新词新义层出不穷、语法超越常规、口语化的特点。

符号化。在电脑上输出文字时，习惯上会带有相关的符号。例如：:-)（表示微笑），:-D（表示大笑的），:-(（表示不高兴），等等。

数字化。运用数字及其谐音可以更好地表达自己的想法。例如：55（呜呜的谐音，表示哭的声音），88（拜拜，英语单词 Bye-bye 的谐音），520（我爱你的谐音），等等。

字母化。类似于数字的运用，字母也有表情达意的功效。如：BT（变态拼音的缩写），PLMM（漂亮妹妹），PMP（拍马屁），BF（boy firend 的缩写，即男朋友），等等。

新词新义层出不穷。像网络新词酱紫（这样子）、表（不要）、杯具（悲剧）等，它们是同音替代或合音替代。一些旧词有了新的意思，如可爱（可怜没人爱）、恐龙（丑女）等。

超越常规的语法。网络语言已经不再拘泥于传统的词语构成法，各种汉字、数字、英语或简写混杂在一起，怎么方便怎么用，语序也不受限，倒装句时有出现。如："……先"、"……都"、"……的说"，千奇百怪。

口语化的表达。网络语言用于网上交流，在表达上更偏向口语化、通俗化、事件化和时事化，在某 BBS 当中光"哦"就出现了 20 多万次。

10.3　2013 年度十大网络用语

1. 中国大妈

一个群体的代名词。这个群体代表了当下中国理财意识觉醒、有着热切投资需求却不具备专业素养的部分消费者。《华尔街日报》甚至专创英文单词"dama"来形容"中国大妈"。"中国大妈"对黄金的购买力导致国际金价创下 2013 年内最大单日涨幅。

2013 年 4 月国际金价大跌，中国大妈疯狂抢金、一战成名，她们与

资本大鳄的角力被无限放大。此后，黄金又在 2013 年 4 月 12 日和 4 月
15 日经历了一次震撼暴跌，直接从 1550 美元 / 盎司（约合人民币 307
元 / 克）下探到了 1321 美元 / 盎司（约合人民币 261 元 / 克），导致"中
国大妈"纷纷被套牢，引起恐慌。"中国大妈"现象的发生，说明了国内
生活水平的提高，但是在投资上也需要合理的引导，而不是盲目地进行
投资。

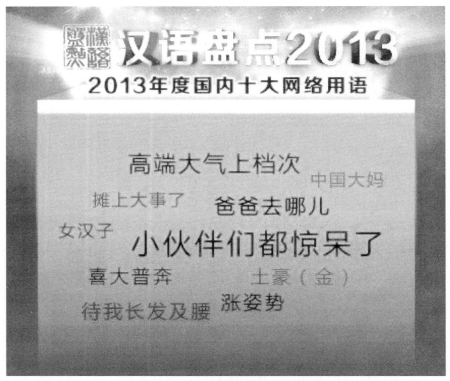

图 10-1 2013 年度国内十大网络用语

2. 高端大气上档次

该词来自影视剧，2013 年后频繁出现在各种网帖、娱乐节目中，形容有品位、有档次，偶尔也做反讽使用。"高端、大气、上档次"，简称"高大上"。民间流传的英文是"Luxury，Large，Level up"，简称"LLL"或"3L"。与之相对应的还有"低调奢华有内涵"等。

3. 爸爸去哪儿

这是湖南卫视 2013 年一档亲子互动真人秀节目的名称，其原版模式为韩国 MBC 电视台的《爸爸！我们去哪儿？》，明星父亲与自己的子女一起到偏僻的村庄或是条件较为恶劣的环境下生存数日，通过旅行体验相处过程。正常的亲子活动在高清摄像机面前变成"秀"和娱乐，电视台在疯狂抢夺明星资源后开始抢夺并"压榨"能带来高收视率的"星二代"。

4. 小伙伴们都惊呆了

2013 年 6 月，某网友上传的一段讲述端午节由来的小学作文内容截图走红网络，其中的一句话"我和小伙伴们都惊呆了"被作为网络流行语迅速传播，短时间内成为热门话题。"我和小伙伴们都惊呆了"和"小伙伴们都惊呆了"多用以表示惊讶与讽刺。

5. 待我长发及腰

"待我长发及腰"据考来自叶迷的言情小说《十里红妆》，"待我长发及腰，少年娶我可好。待你青丝绾正，铺十里红妆可愿"。诗词讲的是缠绵的爱情，网友顺势发挥创意进行造句："待我长发及腰，秋风为你上膘"、"待我长发及腰，拿来拖地可好"……各种令人捧腹的造句令"待我长发及腰"充满调侃和搞笑，却消解了最初的真诚和诗意。

6. 喜大普奔

网络用语，是"喜闻乐见、大快人心、普天同庆、奔走相告"的缩略形式。在过去的新闻写作中常常以一种程式化的叙述方式出现，多含有过分夸张之意，表示一件让大家欢乐的事情，大家要分享出去，相互告知。目前，在网友的大量使用中，也含有幸灾乐祸的性质。

7. 女汉子

女汉子，是指一般行为和性格向男性靠拢的一类女性。在职场中，女汉子们不会撒娇，性格大大咧咧，异性缘好，与男生称兄道弟，出口成"脏"，战斗力强。生活中，女汉子不喜欢化妆，可以不用甩干桶，手拧就干，打大型游戏小菜一碟。她们过于独立、自强和豪爽的男子气概被认为是女性不应拥有的特质。最关键的是，她们都没有男朋友。

8. 土豪（金）

"土豪"原指在乡里凭借财势横行霸道的坏人。土豪被中国人所熟知，与"土改"和革命时期的"打土豪，分田地"有关。网络中，土豪是指有知识没文化、有财富没精神、有成功没追求、有排场没内容、有外表没灵魂的人，土豪有时也会被简化为"壕"。

虽然国人对炫富习气是十分鄙夷的，但是在当下的中国社会，理解土豪是很有必要的，迎合土豪趣味是有利可图的。跨国公司懂得这一点。2013 年 9 月 20 日，土豪们终于扬眉吐气了。这一天苹果公司推出了金色的新型号苹果 5s 智能手机。人们起初不敢相信苹果会如此张扬俗气，然而这款镀金手机很快在中国受到疯抢。在中国媒体的头版头条新闻上，这款手机被称为"土豪金"。

9. 摊上大事儿

蛇年春晚，小品《你摊上事儿了》"笑果"不错，使此语迅速成了流行语。所谓"摊上大事儿"自然不会是什么好事、喜事、乐事，而是指某个人惹上祸端。一个人如果违法乱纪、胡作非为，早晚会摊上事儿，摊上大事。因此，该批就批，该罚就罚，该抓就抓，该判就判，让那些有"事儿"的人受到应有惩戒。

10. 涨姿势

这是"长知识"的谐音，意喻让人长见识了，开眼界了。起初，"涨姿势"只用于见到新奇事物，往往指不好的反面，用于表示惊讶的语气，在小范围网友之间传播，后普遍被理解为长知识或者对于自己惊讶之情的适度夸张。这么说话只是为了不那么严肃、让自己与别人轻松些而已，还有一个原因就是许多人用的是拼音输入法，选字频率上靠前。例如说压力大，为"鸭梨大"，说原来如此为"原来如柴"等等。

10.4　网络语言走进政府部门

"进什么山，唱什么歌"，越来越多的政府部门开通的官方微博，成为与群众沟通、展现自身形象的一种新平台。政府官方微博适当运用互联网语言"卖萌"，可以一改严肃有余、活泼不足的印象，以一种平易近人、轻松自然的状态示人。党政机构作为重要的信息发布者，其本身就是社会信息网络和传播网络的一个重要节点，作为在这个节点上担负重要责任的领导干部，理应积极掌握网络语言这一新的表达方式，主动适应新时代科技变革给传播和表达方式带来的新变化。新潮的网络语言，是领导干部跟上"时代潮流"的必需。

但也不应"卖萌"过度，影响权威性。比如，部委的微博更展现权威形象，因此部委微博运营中，需要重视与网民的交流互动。微博语言语态虽然可以顺应网络语言的特点"适当卖萌"，不过在官方权威信息发布中，要慎用"微博体"进行改编，但可以适当加入 1 到 2 个"笑脸"、"给力"等图标，起到辅助内容的作用。

▶ 延伸阅读：

1．"给力"傍上"高富帅"

传统媒介"给力"网络语言。2012 年 11 月 10 日《人民日报》头版头条的标题《江苏给力"文化强省"》，一向比较严肃、比较"主旋律"且社会影响力很大的报纸，用草根、血统不显赫的"给力"，堪称权威媒体对草根文化、大众文化很大尺度的一次认可，可以算得上传统媒介"给力"网络语言的一个大事件。"给力"成功逆袭，傍上"高富帅"！

2．这些年，那些求"粉"的"萌主"们

（1）卖萌的小布。@ 南京发布："你只抱怨冬寒，却忘记雪景好看；你有吐槽自由，我爱石城四季轮转；你可以轻视春天还远，我会证明今已"八九燕来"；你嘲笑我一年四季独没春天，我可怜你小心贪婪；天气发布少不了误解和质疑，哪又怎样？哪怕偶有错误，我有美图奉献。保护道路，下雪不许撒盐。"

2013 年 2 月 22 号，南京市委宣传部新闻发布官方微博"@ 南京发布"，便套用最近网络爆红的"陈欧体"发布了这个消息。实际上，这已经不是 @ 南京发布第一次卖萌了，"小布"可是坐拥 269 万粉丝的明星！

（2）"淘宝体"通缉令。"亲 ~ 被通缉的逃犯们，徐汇公安'清网行动'大优惠开始啦！亲，现在拨打 24 小时客服热线 021–64860697 或 110，就可预订'包运输、包食宿、包就医'优惠套餐，在徐汇自首还可获赠夏季冰饮、清真伙食、编号制服……"

图 10-2　"霸占"汤姆猫　白下公安这招绝了

"各位亲友，大家好！我是汤姆，我放弃一切和白下公安私奔了。""吸毒不能沾……不然，擎天柱进去，长安奔奔出来；3D 肉蒲团进去，2D 草席子出来……"。

从 5 月开始，南京市公安局白下分局的微博多了一个"形象代言人"——穿警服、用南京话唱 RAP 的汤姆猫。从电信诈骗到提防拐骗，从飞车抢夺到毒品之害，一连 4 期"汤姆猫说防范"视频，让网友大呼过瘾，在微博上也极为轰动，每次的转发量都在千次以上。"没有想到南京警察这么给力！"有网友如是说。

（3）"洋机构"那卖萌的一小撮。如果说起时下最火的涉外机构官方微博，美国驻香港领事馆和美国驻上海总领事馆这两个微博一定不容错过。

她们卖萌，淘宝体、京片子、上海话无一不精，你还会看到"抡起腮帮子甩开后槽牙"这样活色生香的字眼。

她们娇嗔，转一张《环球时报》写着"不同美国斗力要斗智慧斗胸怀"的社评，以"斗神马斗啊，太不和谐了！"四两拨千斤。

她们吐槽，从 Justin Bibber 的地理成绩到所转微博大量被删的委屈——"野火烧不尽，一张又一张！""我新领取了'一转没'勋章……"

她们亲昵地称微博大 V 潘石屹为小潘潘，前知名 ID 作业本为本本，时不时还会跟李开复老师打情骂俏一番；她们又直接又尖锐，有网友评论美驻港领馆账号的头像（3 个衣着旗帜图案的人，星条旗居中，右手牵香港特别行政区的紫荆花，左手牵澳门特别行政区的莲花）"耐人寻味"，她们直接回"寻什么味，大清早的，就是朋友拉拉手"；被问起"是一个人还是几个人"管理微博，答曰"一小撮"。

第 11 章
互联网管理体制

11.1 互联网管理的基本模式

11.2 各国的互联网管理体制

11.3 中央网络安全和信息化领导小组

随着通信技术的飞速发展，当前我们已经进入网络时代。互联网作为信息交流的重要平台和经济社会发展的重要引擎，其强大影响力和冲击力，已经引起社会各界的高度关注。一方面，网络极大地便利了人们的生产生活，推动了经济社会进步；另一方面，由网络直接或间接引发的各种矛盾和问题不断凸显，比如：网上不良信息屡禁不止，网络违法犯罪行为频繁发生，网上舆论不断激化社会矛盾，敌对势力的网络渗透和煽动活动从未停止，等等，这些问题在网上网下相互交织、形成互动，使我国互联网管理工作面临前所未有的挑战。科学有效地管理好互联网，形成一定的管理体制，对于确保国家安全、促进经济发展、维护社会和谐稳定，至关重要。

11.1　互联网管理的基本模式

就单纯的互联网管理手段而言，目前网络管理手段主要有四种：政府立法管理、技术手段控制、网络行业与用户自律、市场规律的调节。

政府立法管理。一般来说，法律控制是最有效的管理手段。但法律一旦出台，在有力地保护各方的同时，其硬性规定也在一定程度上妨碍了各方的自主权。这也是西方媒体大喊自律、唯恐政府插手的主要原因之一。

技术手段控制。开发相关软件进行识别与控制，如目前网络内容控制最常用的技术手段是对网络内容进行分级与过滤。分级制度是国际上较为流行的一种防止未成年人接触网络色情的方法，即将内容分成不同的级别，浏览器按分类系统所设定的类目进入。然而，技术本身具有机械性，并不能灵活地处理各种具体问题。且有控制技术，就会产生相应的反控制技术，因此技术管理不可能达到完善的程度。

网络行业与用户自律。因为自律给行业发展带来较少的限制，更有利于网络的自由发展，目前网络管理中喊得最响的就是各方自律。在网络出现之初，一些计算机协会与网络自律组织相继成立并制定一些行为自律规范，如美国计算机伦理协会的十条戒律、南加利福尼亚大学的网络伦理声明等。然而自律的力量在巨大的市场压力面前常常会显得微不足道。

市场机制调节。有关系的各方，通过各自所需的获取与付出，达到一种各方认可的协调与平衡。这种调节是以一定的市场规律为前提的。但缺点也是显而易见的，这种自由协商，缺乏一个权威的把关人作为中间环节。其结果就是协商的各方很可能仅从自身的利益出发，根据自己的规则与价值来决定取舍，而这种取舍很可能不符合或损害社会的整体利益，给社会造成一定的损害和误导。

11.2　各国的互联网管理体制

"不干预"的美国。美国是多方协调型网络管理模式的代表。美国政府于 1997 年宣布对互联网采取"不干预政策"。他们认为：一，只有自由、不受管制的宽松环境才能刺激互联网的发展；二，没有一个管制机构享有对互联网进行全面管制的法律授权。在基本不主张立法规范网络内容的情形下，美国政府寻求业界自律以及通过技术手段对网络内容进行控制。

"倚重自律"的英国。英国在电信管制过程中始终坚持这样的管理理念：最低限度的管制，基于事实的管制，与市场竞争状况相称的管制。这使英国的网络管理呈现出自由与多元的特色，具体体现在：以行业自律为主，以行政管理导航，同时加强技术管理，并辅之以必要的法治管理。这是一种倡导提升业界与网络用户素质、以行业自律为主的管理体制，这种管理体制为英国的互联网管理带来了诸多福音。

"共同调控"的法国。法国是政府和行业协调管理的代表。法国政府在 1999 年初提出并开始执行"共同调控"的管理政策。"共同调控"是建立在以政府、网络技术开发商、服务商和用户多方经常不断协商对话基础上的，政府要求网络技术开发商和服务商注重对网络的管理并向网络用户普及网络知识，网络商们因此成立了互联网监护会、互联网用户协会、法国域名注册协会等网络调控机构，并开发相关的宣传网站。为了使"共同调控"真正发挥作用，法国还成立了由个人和政府机构人员组成的机构，即互联网国家顾问委员会。

"政府主导型"的中国。中国主要运用控制和引导的管理手段对互联网进行管理。具有发展与控制并行不悖、政策与法规相结合、社会监督与个体自律并重的管理特点。管理手段具体又可以分为四种：网络立法管理、行政手段的监督、技术手段的监控、行业自律的约束。

就网络立法而言，我国不断地出台相关的法律法规，初步形成了以《电信条例》和《互联网信息服务管理办法》为核心，《互联网 IP 地址备案管理办法》、《非经营性互联网信息服务备案管理办法》等 10 余部部门规章为支柱，一系列行业规划、政策、标准为基础的互联网管理法规框架，基本覆盖了互联网业务的市场准入、互联互通、资源管理、服务质量等各主要环节。

就行政手段监督而言，作为实施网络立法管理的辅助手段，网络媒介管理部门有规律地对网站进行更为具体的干预，如定期检查网站的内容、临时下达各类报道要求、随时布置网站工作重点、控制网络资源等。

　　就技术手段控制而言，主要针对网站有害信息，或者设置防火墙，封锁敏感网站；或安装过滤软件，过滤敏感词语及相关的网页与邮件；或实施内容监控，在网络终端进行全程监控等。

　　就行业自律的约束而言，通过行业规范、网站管理条例、社会监督等多种渠道进行自律与他律相结合的管理。如中国互联网协会，是一个重要的互联网管理与协调机构，它出台的《互联网行业自律公约》，针对国内所用网络从业者，对其网络行为进行规范。

11.3　中央网络安全和信息化领导小组

　　2014 年 2 月 27 日，中央网络安全和信息化领导小组成立。该领导小组将着眼国家安全和长远发展，统筹协调涉及经济、政治、文化、社会及军事等各个领域的网络安全和信息化重大问题，研究制定网络安全和信息化发展战略、宏观规划和重大政策，推动国家网络安全和信息化法治建设，不断增强安全保障能力。

11.3.1　成立背景

　　2014 年是中国接入国际互联网 20 周年。20 年来，中国互联网抓住机遇，快速发展，成果斐然。据中国互联网络信息中心发布的报告，截至 2013 年底，中国网民规模突破 6 亿，其中通过手机上网的网民占80%；手机用户超过 12 亿，国内域名总数 1844 万个，网站近 400 万家，全球十大互联网企业中我国有 3 家。2013 年网络购物用户达到 3 亿，全国信息消费整体规模达到 2.2 万亿元，同比增长超过 28%，电子商务交易规模突破 10 万亿元。中国已是名副其实的"网络大国"。

中国离网络强国目标仍有差距，在自主创新方面还相对落后，区域和城乡差异比较明显，特别是人均带宽与国际先进水平比差距较大，国内互联网发展瓶颈仍然较为突出。以信息化驱动工业化、城镇化、农业现代化、国家治理体系和治理能力现代化的任务十分繁重。我国不同地区间的"数字鸿沟"及其带来的社会和经济发展问题都需要尽快解决。同时，中国面临的网络安全方面的任务和挑战日益复杂和多元。中国是网络攻击的主要受害国。仅 2013 年 11 月，境外木马或僵尸程序控制的境内服务器就接近 90 万个主机 IP。侵犯个人隐私、损害公民合法权益等违法行为时有发生。

出于历史原因，我国网络管理体制形成了"九龙治水"的管理格局。习近平总书记在对中共十八届三中全会的决定的说明中明确表示，"面对互联网技术和应用飞速发展，现行管理体制存在明显弊端，多头管理、职能交叉、权责不一、效率不高。同时，随着互联网媒体属性越来越强，网上媒体管理和产业管理远远跟不上形势发展变化"。2013 年以来，中国政府采取了一系列重大举措加大网络安全和信息化发展的力度。《国务院关于促进信息消费扩大内需的若干意见》强调，加强信息基础设施建设，加快信息产业优化升级，大力丰富信息消费内容，增强信息网络安全保障能力。十八届三中全会的决定明确提出，要坚持积极利用、科学发展、依法管理、确保安全的方针，加大依法管理网络力度，完善互联网管理领导体制。

到 2014 年，已有 40 多个国家颁布了网络空间国家安全战略，仅美国就颁布了 40 多份与网络安全有关的文件。美国还在白宫设立"网络办公室"，并任命首席网络官，直接对总统负责。2014 年 2 月，总统奥巴马又宣布启动美国《网络安全框架》。德国总理默克尔 2 月 19 日与法国总统奥朗德探讨建立欧洲独立互联网，拟从战略层面绕开美国以强化数据安全。欧盟三大领导机构计划在 2014 年底通过欧洲数据保护改革方案。作为中国在亚洲的邻国，日本和印度也一直在积极行动。日本 2013年 6 月出台《网络安全战略》，明确提出"网络安全立国"。印度 2013年 5 月出台《国家网络安全策略》，目标是"安全可信的计算机环境"。因此，接轨国际，建设坚固可靠的国家网络安全体系，是中国必须做出的战略选择。

11.3.2　领导成员

2014 年 2 月 27 日，中央网络安全和信息化领导小组宣告成立，在北京召开了第一次会议。中共中央总书记、国家主席、中央军委主席习近平亲自担任组长；李克强、刘云山任副组长。

中央网络安全和信息化领导小组办事机构即中央网络安全和信息化领导小组办公室，目前由国家互联网信息办公室承担具体职责。国家互联网信息办公室主任鲁炜兼任中央网络安全和信息化领导小组办公室主任。

11.3.3　机构职责

中央网络安全和信息化领导小组着眼国家安全和长远发展，统筹协调涉及经济、政治、文化、社会及军事等各个领域的网络安全和信息化重大问题；研究制定网络安全和信息化发展战略、宏观规划和重大政策；推动国家网络安全和信息化法治建设，不断增强安全保障能力。

11.3.4　重要意义

中央网络安全和信息化领导小组的成立意味着以规格高、力度大、立意远来统筹指导中国迈向网络强国的发展战略的确立，它是在中央层面设立的一个更强有力、更有权威性的机构。

这体现了中国最高层全面深化改革、加强顶层设计的意志，显示出其在保障网络安全、维护国家利益、推动信息化发展上的决心。

这是中共落实十八届三中全会精神的又一重大举措，是中国网络安全和信息化国家战略迈出的重要一步，标志着这个拥有 6 亿网民的网络大国加速向网络强国挺进。

11.3.5　具体任务

2014 年是中国推进全面深化改革的第一年，也是中央网络安全和信息化领导小组的开局之年，一些工作将被摆上重要位置，如：制定一个全面的信息技术、网络技术研究发展战略，下大气力解决科研成果转化问题；出台支持企业发展的政策，让它们成为技术创新主体，成为信息产业发展主体，成为维护网络安全的主体；通过建立新的体制，实现军民优势互补、融合发展；制定立法规划，完善互联网信息内容管理、关键信息基础设施保护等法律法规，对重要技术产品和服务提出安全管理要求。习近平总书记在讲话中还特别提到，汇聚人才资源，建设一支政治强、业务精、作风好的强大团队，培养造就具有世界水平的科学家、网络科技领军人才、卓越工程师、高水平创新团队。

领导小组将围绕"建设网络强国"，重点发力以下任务：要有自己的技术，有过硬的技术；要有丰富全面的信息服务，繁荣发展的网络文化；

要有良好的信息基础设施，形成实力雄厚的信息经济；要有高素质的网络安全和信息化人才队伍；要积极开展双边、多边的互联网国际交流合作。会议还强调，建设网络强国的战略部署要与"两个一百年"奋斗目标同步推进，向着网络基础设施基本普及、自主创新能力增强、信息经济全面发展、网络安全保障有力的目标不断前进。

另外，网络空间建设将会成为一项长期任务。在 2013 年打击网络谣言专项行动的基础上，有关部门将进一步集中精力、集中力量对网络谣言、淫秽色情等有害信息进行"大清理"、"大扫除"；将创新改进网上宣传，运用网络传播规律，弘扬主旋律，激发正能量，大力培育和践行社会主义核心价值观。

第 12 章
国内外互联网巨头

12.1 国内互联网巨头

12.2 国际互联网巨头

　　激情燃烧的岁月似乎总是在蛮荒时代，而总有那么一群拓荒者奋力推动着新事物的产生和发展。在互联网的发轫时代，一批互联网公司引领网络风云，赋予互联网自由、平等、开拓、创新的精神气质！

12.1　国内互联网巨头

12.1.1　BAT 三巨头之百度

　　百度，全球最大的中文搜索引擎、最大的中文网站，2000 年 1 月创立于北京中关村。2005 年，在美国纳斯达克上市。

　　百度拥有数千名研发工程师，掌握着先进的搜索引擎技术。在美国、俄罗斯和韩国外，中国成为全球掌握核心搜索引擎技术的四个国家之一。根据第三方权威数据，百度在中国的搜索份额超过 80％。它基于搜索的营销推广创新，进一步带动整个互联网行业和中小企业的经济增长，推动社会经济的发展和转型；同时它建立了世界上最大的网络联盟，使各类企业的搜索推广、品牌营销的价值、覆盖面均大幅提升。与此同时，

图 12-1　百度

各网站也在联盟大家庭的互助下，获得最大的生存与发展机会。百度开放平台的应用也促进了中国互联网产业的升级和发展，拉动了国内经济的快速发展。

同时，百度仍旧注重公益，自成立来，百度利用自身优势积极投身公益事业，先后投入巨大资源，为盲人、少儿、老年人群体打造专门的搜索产品，解决了特殊群体上网难问题，极大地缩小了社会信息鸿沟。此外，在加速推动中国信息化进程、净化网络环境、搜索引擎教育及提升大学生就业率等方面，百度也一直走在行业领先的地位。2011 年初，百度还特别成立了百度基金会，围绕知识教育、环境保护、灾难救助等领域，更加系统规范地管理和践行公益事业。

今天，百度已经成为中国最具价值的品牌之一，英国《金融时报》将百度列为"中国十大世界级品牌"，它成为这个榜单中最年轻的一家公司，也是唯一一家互联网公司。而"亚洲最受尊敬企业"、"全球最具创新力企业"、"中国互联网力量之星"等一系列荣誉称号的获得，也无一不向外界展示着百度成立数年来的成就。

多年来，百度董事长兼 CEO 李彦宏，率领百度人所形成的"简单可依赖"的核心文化，深深地植根于百度。这是一个充满朝气、求实坦诚的公司，以搜索改变生活、推动人类的文明进步、促进中国经济的发展为己任，正朝着更为远大的目标前进。

12.1.2　BAT 三巨头之阿里巴巴

阿里巴巴是由马云在 1999 年一手创立的企业对企业的网上贸易平台。2003 年 5 月，投资一亿元人民币建立淘宝网。2004 年 10 月，投资成立支付宝公司，面向中国电子商务市场推出基于中介的安全交易服

图 12-2　阿里巴巴标志

务。2012 年 2 月，阿里巴巴宣布，向旗下子公司之上市公司提出私有化要约，回购价格为每股 13.5 港元。2012 年 5 月 21 日阿里巴巴与雅虎就股权回购一事签署最终协议，阿里巴巴用 71 亿美元回购 20% 股权。2012 年 7 月 23 日，阿里巴巴宣布调整淘宝、一淘、天猫、聚划算、阿里国际业务、阿里小企业业务和阿里云为七大事业群，组成集团 CBBS 大市场。2013 年 4 月 29 日从阿里巴巴集团获悉，阿里巴巴通过其全资子公司阿里巴巴（中国），以 5.86 亿美元购入新浪微博公司发行的优先股和普通股。

阿里巴巴旗下现有 12 家公司：阿里巴巴 B2B、淘宝网、天猫、支付宝、口碑网、阿里云、中国雅虎、一淘网、中国万网、聚划算、CNZZ、一达通。

阿里巴巴开创的企业间电子商务平台（B2B），被国内外媒体、硅谷和国外风险投资家誉为与 Yahoo，Amazon，eBay，AOL 比肩的五大互联网商务流派之一，连续五次被美国权威财经杂志《福布斯》选为全球最佳 B2B 站点之一。

阿里巴巴两次被哈佛大学商学院选为 MBA 案例，在美国学术界掀起研究热潮。

全球著名的互联网流量监测网站对全球商务及贸易类网站进行排名调查，阿里巴巴排名首位。

12.1.3　BAT 三巨头之腾讯

腾讯公司成立于 1998 年 11 月，是目前中国最大的互联网综合服务提供商之一，也是中国服务用户最多的互联网企业之一。

通过互联网服务提升人类生活品质是腾讯公司的使命。目前，腾讯把为用户提供"一站式在线生活服务"作为战略目标，提供互联网增值服务、移动及电信增值服务和网络广告服务。通过即时通信 QQ、微信、腾讯网（QQ.com）、腾讯游戏、QQ 空间、无线门户、搜搜、拍拍、财付通等中国领先的网络平台，腾讯打造了中国最大的网络社区，满足互联网用户沟通、资讯、娱乐和电子商务等方面的需求。截至

图 12-3　腾讯业务形象图

2012 年 12 月 31 日，QQ 即时通信的活跃账户数达到 7.982 亿，最高同时在线账户数达到 1.764 亿。腾讯的发展深刻地影响和改变了数以亿计网民的沟通方式和生活习惯，并为中国互联网行业开创了更加广阔的应用前景。

面向未来，坚持自主创新、树立民族品牌是腾讯公司的长远发展规划。目前，腾讯 50% 以上员工为研发人员。腾讯在即时通信、电子商务、在线支付、搜索引擎、信息安全以及游戏等方面都拥有了相当数量的专利。2007 年，腾讯投资过亿元在北京、上海和深圳三地设立了中国互联网首家研究院——腾讯研究院，进行互联网核心基础技术的自主研发，正逐步走上自主创新的民族产业发展之路。

成为最受尊敬的互联网企业是腾讯公司的远景目标。腾讯一直积极参与公益事业、努力承担企业社会责任、推动网络文明发展。2006 年，腾讯成立了中国互联网首家慈善公益基金会——腾讯慈善公益基金会，并建立了腾讯公益网（gongyi.qq.com），专注于辅助青少年教育、贫困地区发展、关爱弱势群体和救灾扶贫工作。目前，腾讯已经在全国各地陆续开展了多项公益项目，积极践行企业公民责任，为"和谐社会"建设做出贡献。

12.1.4 京东商城

那一夜，刘强东感到"莫名的兴奋"，翌日，京东发动中国互联网有史以来最惨烈的电商大战，京东一战成名！如今的京东名列中国自营式 B2C 电商第一位，已经成为中国电商行业的一座标杆。

京东商城是中国 B2C 市场最大的 3C（注：3C 是计算机 computer、通信 communication 和消费电子产品 consumer

图 12-4　京东标志

Electronic 三类电子产品的简称）网购专业平台，是中国电子商务领域最受消费者欢迎和最具影响力的电子商务网站之一。拥有遍及全国超过 1 亿注册用户，近万家供应商，在线销售家电、数码通信、电脑、家居百货、服装服饰、母婴、图书、视频等 12 大类数万个品牌百万种优质商品，日订单处理量超过 50 万单。自 2004 年初正式涉足电子商务领域以来，京东商城一直保持高速成长，连续七年增长率均超过 200%。

　　2013 年 5 月 6 日，京东商城在完成内测后，正式与消费者见面，用户可在京东上购买食品饮料、调味品等日用品。此次京东将超市搬到线上，也是京东在"一站式购物平台"战略布局上的又一次发力。让消费者足不出户，就能轻松满足"打酱油"、"买啤酒"等日常生活购物需求。与以往打包出售不同的是，如今在京东商城中一罐可乐、一瓶酱油，消费者都可零买，京东送货到家。加上支持货到付款等服务，真正能帮用户实现购物的"多、快、好、省"。

12.1.5　新浪

新浪公司是一家服务于中国及全球华人社群的网络媒体公司。新浪通过门户网站新浪网（SINA.com）、移动门户手机新浪网（SINA.cn）和社交网络服务及新浪微博（Weibo.com）组成的数字媒体网络，帮助广大用户通过互联网和移动设备获得专业媒体和用户自己生成的多媒体内容（UGC）并与友人进行兴趣分享。

新浪网通过旗下多家地区性网站提供针对当地用户的特色专业内容，并提供一系列增值服务。手机新浪网为 WAP 用户提供来自新浪门户的定制信息和娱乐内容。新浪微博是基于开放平台架构和第三方应用的社交网络服务及微博客服务，提供微博和社交网络服务，帮助用户随时随地与任何人联系和分享信息。

新浪通过上述主营业务及其他业务线向广大用户提供包括移动增值服务（MVAS）、网络视频、音乐流媒体、网络游戏、相册、博客、电子邮件、分类信息、收费服务、电子商务和企业服务在内的一系列服务。公司收入的大部分来自网络品牌广告、移动增值服务和收费服务。

图 12-5　新浪公司 Logo

12.1.6　小米

　　小米公司正式成立于 2010 年 4 月，是一家专注于智能手机自主研发的移动互联网公司，定位于高性能发烧手机。小米手机、MIUI、米聊是小米公司旗下三大核心业务。"为发烧而生"是小米的产品理念，定位于中低端市场。

　　小米创始人主要由来自微软、谷歌、金山软件、摩托罗拉等国内著名 IT 公司的资深员工所组成，小米公司注重创新、快速的互联网文化，拒绝平庸。该公司首创了利用互联网开发和改进手机操作系统，60 万发烧友参与了开发改进。MIUI 是小米公司旗下深度定制的 Android 手机操作系统，也是小米手机自身的手机操作系统，MIUI 用户覆盖 23 个国家，每周更新，目前拥有 30 万活跃用户，极受手机发烧友的追捧。小米名字的含义很丰富，小米拼音是 mi，首先是 Mobile Internet，表示小米要做移动互联网公司；其次是 mission impossible，表示小米要完成不能完成的任务。小米全新的 LOGO 倒过来是一个心字，少一个点，意味着让用户省一点心。

图 12-6　小米公司 Logo

此外，小米手机采用独特的饥饿营销方式。"饥饿营销"是指商品提供者有意调低产量，以期达到调控供求关系、制造供不应求"假象"、维持商品较高售价和利润率的营销策略。同时，"饥饿营销"也可以达到维护品牌形象、提高产品附加值的目的。

小米手机供货紧张，每次发布新产品只有部分幸运的抢购成功的消费者才能拿到真机。对于小米手机供货紧张的问题，雷军曾对外表示，大量高端定制器件在生产环节很复杂，一时难以满足用户们的需求。而对于小米手机供货紧张，我们都知道这是小米公司的"饥饿营销"罢了，小米手机定价 1999 元，利润不多，这个定价也只是为了吸引别人的关注。等大家都关注小米手机的时候，小米手机再来个供货不足。小米公司做好了前期的大肆宣传，等大家有兴趣想购买时，小米手机就宣布供货不足，"饥饿营销"的作用也就达到了。

12.2　国际互联网巨头

12.2.1　苹果

1971 年，16 岁的史蒂夫·乔布斯和 21 岁的史蒂夫·沃兹尼亚克经朋友介绍而结识。1976 年，乔布斯成功说服沃兹在装配机器之余拿去推销，他们另一位朋友，罗·韦恩也加入，三人在 1976 年 4 月 1 日组成了苹果电脑公司。2007 年由美国苹果电脑公司更名为苹果公司，在 2013 年世界 500 强排行榜中排名第 19，总部位于加利福尼亚州的库比蒂诺。

2011 年 6 月 6 日，苹果全球开发者大会（WWDC）推出 Mac Os

图 12-7　创始人乔布斯在发布会上推出 iPhone 系列产品

X lion、ios 5、icloud，这是乔布斯最后一次召开的记者会。2011 年
10 月 6 日，苹果公司创办人、董事长兼前首席执行官乔布斯病逝，苹果
官方网站首页，亦由彩色变成黑白色，并换上乔布斯的黑白照片，哀悼
乔布斯。而世界各地的苹果公司支持者亦纷纷在苹果旗舰店献花。

　　苹果公司在高科技企业中以创新而闻名，设计并全新打造了 iPod、
iTunes 和 Mac 笔记本电脑和台式电脑、OS X 操作系统，以及革命性
的 iPhone 和 iPad。苹果公司已连续三年成为全球市值最大公司，在
2012 年曾经创下 6235 亿美元纪录，在 2013 年后因企业市值缩水约
24% 而变为 4779 亿美元，但仍然是全球市值最大的公司。

　　苹果公司的辉煌源于乔布斯为苹果公司奠定的独特的苹果文化。苹果公司追求设计上简约、性能上创新，每当有重要产品即将宣告完成时，苹果都会退回最本源的思考，并要求将产品推倒重来。以至于有人认为这是一种病态的品质、完美主义控制狂的标志。波士顿咨询服务公司共调查了全球各行业的 940 名高管，其中有 25% 的人认为苹果是全球最具创新精神的企业。苹果公司不断追求创新和卓越的精神正是中国创业企业所应当学习和借鉴之处。

　　"在苹果公司，我们遇到任何事情都会问：它对用户来讲是不是很方便？它对用户来讲是不是很棒？每个人都在大谈特谈'噢，用户至上'，但其他人都没有像我们这样真正做到这一点。"乔布斯曾自豪地说。

12.2.2　谷歌

　　谷歌最初叫"BackRub"。斯坦福大学学生肖恩·安德森（Sean Anderson）把谷歌搜索引擎和谷歌的名字带给谷歌创始人拉里·佩奇（Larry Page）。当时安德森和佩奇坐在办公室，试图想出一个很好的名字，一个能够和海量数据索引有关的名字。安德森说到了

图 12-8　谷歌公司 Logo

"googol"一词，指的是 10 的 100 次幂（方），写出的形式为数字 1
后跟 100 个零，可用来代表在互联网上可以获得的海量的资源。当时
安德森正坐在电脑前面，就在互联网域名注册数据库里面搜索了一下，
看看这个新想出来的名字有没有被注册和使用。安德森犯了一个拼写
错误，他在搜索中把这个词打成了"google .com"，他发现这个域
名可以使用。

Google 公司提供丰富的线上软件服务，如 Gmail 电子邮件，包
括 Orkut、Google Buzz 以及最近的 Google+ 在内的社交网络服务。
Google 的产品同时也以应用软件的形式进入用户桌面，例如 Google
Chrome 浏览器、Picasa 图片整理与编辑软件、Google Talk 即时通信
工具等。另外，Google 还进行了移动设备的 Android 操作系统以及上
网本的 Google Chrome OS 操作系统的开发。

2007 年至 2010 年，Google 连续四年蝉联 BrandZ 全球品牌价
值榜首，但在 2011 年被苹果公司超越从而屈居次席。在市场竞争中处
于领先地位的现实也使 Google 公司在用户隐私保护、版权、网络审查
等方面饱受争议。Google 中国对"谷歌"的解释是"播种与期待之歌，
亦是收获与欢愉之歌"，并称此名称是经 Google 中国的全体员工投票
选出的。

2010 年 3 月 13 日，据媒体报道，谷歌与中国政府就审查问题进行
的谈判陷入明显的僵局，世界最大搜索引擎谷歌有"99.99%"的可能将
关闭其中国搜索引擎。北京时间 2010 年 3 月 23 日凌晨 3 时零 3 分，谷
歌公司高级副总裁、首席法律官大卫·德拉蒙德公开发表声明，再次借
黑客攻击问题指责中国，宣布停止对谷歌中国搜索服务的"过滤审查"，
并将搜索服务由中国内地转至香港。

12.2.3　Facebook

　　Facebook 是一个社会化网络站点，中文网名为"脸谱网"，于 2004 年 2 月 4 日上线。Facebook 的总部在旧金山的加利福尼亚大街。Facebook 目前有 350 名雇员。Facebook 的创始人是马克·扎克伯格，他是哈佛大学的学生。最初，网站的注册仅限于哈佛学院的学生。在之后的两个月内，注册扩展到波士顿地区的其他高校——波士顿学院 Boston College、波士顿大学 Boston University、麻省理工学院、特福茨大学 Tufts，以及罗切斯特大学 Rochester、斯坦福 Stanford、纽约大学 NYU、西北大学和所有的常春藤名校。第二年，很多其他学校也被加入进来。最终，在全球范围内有一个大学后缀（如 .edu，.ac，.uk

图 12-9　脸谱公司办公处

等）电子邮箱的人都可以注册。之后，在 Facebook 中也可以建立起高中和公司的社会化网络。而从 2006 年 9 月 11 日起，任何用户输入有效电子邮件地址和自己的年龄段，即可加入。用户可以选择加入一个或多个网络，比如中学的、公司的或地区的。

据 2007 年 7 月数据，Facebook 在所有以服务于大学生为主要业务的网站中，拥有最多的用户：3400 万活跃用户，包括在非大学网络中的用户。从 2006 年 9 月到 2007 年 9 月间，该网站在全美网站中的排名由第 60 名上升至第 7 名。同时，Facebook 是美国排名第一的照片分享站点，每天上载 850 万张照片。作为 2010 年世界品牌 500 强之一，Facebook 超过微软居第一。

作为全球最大的社交网站，Facebook 对中国内地市场青睐已久。早在 2007 年，Facebook 就已注册 ".cn" 域名。2008 年 3 月，香港首富李嘉诚证实已向 Facebook 投资逾 1 亿美元，3 个月后，该网站还推出了简体中文版本，这使得业界一度传出 Facebook 将于当年入华的消息。

北京 2011 年 4 月 11 日消息，Facebook 进入中国的消息再度袭来。DCCI 互联网数据中心总经理胡延平透露，Facebook 入华协议已经正式签署。不过，也有消息人士说，Facebook 进入中国还面临一些限制，并不会特别快。作为业界消息灵通人士，胡延平曾透露过谷歌退出中国。不过关于这次 Facebook 入华的具体内容，胡延平表示不能透露太多，但是他表示细节很快会对外披露。

目前来说，出于相关政策法律的原因中国国内用户无法正常登录 Facebook，在华外籍人士和留学生一般通过使用收费 VPN 代理服务进行访问。

12.2.4　Twitter

Twitter（非官方中文译名：推特）是一个社交网络（Social Network Service）及微博客服务的网站，是全球互联网上访问量最大的十个网站之一。它利用无线网络、有线网络、通信技术进行即时通信，是微博客的典型应用。它允许用户将自己的最新动态和想法以短信形式发送给手机和个性化网站群，而不仅仅是发送给个人。2006 年，博客技术先驱 blogger 创始人埃文·威廉姆斯（Evan Williams）创建的新兴公司 Obvious 推出了 Twitter 服务。在最初阶段，这项服务只是用于向好友的手机发送文本信息。2006 年底，Obvious 对服务进行了升级，用户不必输入自己的手机号码，可以通过即时信息服务和个性化 Twitter 网站接收和发送信息。

图 12-10　twitter 公司 Logo

关于名字的来历，Twitter 是一种鸟叫声，其创始人认为鸟叫是短、频、快的，符合网站的内涵，因此选择了 Twitter 为网站名称。

2013 年 11 月 7 日晚间消息，全球知名的社交网站 Twitter 在纽交所挂牌上市，开盘报 45.1 美元，较 26 美元的发行价大涨许多。

由于具有火爆的人气，Twitter 每天都能接到各大企业的电话，要求购买 Twitter 的媒体广告。但是 Twitter 一直不希望主推赤裸裸的硬广告形式，打搅用户的浏览体验。更有趣的是，Twitter 允许个人用户通过在个人页面中插入广告获利，用户可以自主邀请广告主购买个人网页的广告位，双方协商投放时间和收取费用。

Twitter 仅仅收取 5% 作为服务费。为了保证广告主的利益，广告播出期间的每一小时，用户都可以按比例获得由 Twitter 广告部门设定的虚拟账户中的金额，广告停止后，钱才能转入用户真实账户中。如果用户在广告期满前清除了广告，就只能得部分费用。这种开放的心态，愿意将所得营销费用的绝大部分让利给用户，的确能让用户欢呼雀跃，更大地激发了用户的参与热情。同时，这种许可式、自主式广告，营销效果更好。

网络营销专家刘东明认为，社会化媒体的到来，使得传播由"教堂式"演变为"集市式"，每个草根用户都拥有了自己的"嘴巴"，Twitter 自然是"品牌舆情"的重要阵地。越来越多的公司都在 Twitter 上追踪对其品牌的评价，监测舆论情况。Twitter 这些真实的声音，可以帮助企业迅速触摸到消费者心理、对产品的感受，以及最新的需求，获知市场动态乃至公关危机的先兆。

Comcast、戴尔、通用汽车、H&R Block 、柯达就是光顾 Twitter 的常客。它们对 Twitter 的关注反映了新社会化媒体在"消费者对品牌进行公开讨论"方面的力量。Get Satisfaction 网站的总裁兰·贝克说：对品牌的真正话语权已经转移到消费者手中，这是技术使然。

12.2.5 亚马逊

亚马逊公司（Amazon，简称亚马逊；NASDAQ：AMZN），是美国最大的一家网络电子商务公司，位于华盛顿州的西雅图。是网络上最早开始经营电子商务的公司之一，亚马逊成立于 1995 年，一开始只经营网络上的书籍销售业务，现在则涉足范围相当广的其他产品，已成为全球商品品种最多的网上零售商和全球第二大互联网公司，在公司名下，也包括了 AlexaInternet、a9、lab126 和互联网电影数据库（Internet Movie Database，IMDB）等子公司。

亚马逊及其他销售商为客户提供数百万种独特的全新、翻新及二手商品，如图书、影视、音乐和游戏、数码下载、电子和电脑、家居园艺用品、玩具、婴幼儿用品、食品、服饰、鞋类和珠宝、健康和个人护理用品、体育及户外用品、玩具、汽车及工业产品等。

amazon.com

图 12-11　亚马逊公司 Logo

2004 年 8 月亚马逊全资收购卓越网，使亚马逊全球领先的网上零售专长与卓越网深厚的中国市场经验相结合，进一步提升客户体验，并促进中国电子商务的成长。

亚马逊公司是在 1995 年 7 月 16 日由杰夫·贝佐斯（Jeff Bezos）成立的，一开始叫 Cadabra，性质是网络书店。然而具有远见的贝佐斯看到了网络的潜力和特色，当实体的大型书店提供 20 万本书时，网络书店能够提供比 20 万本书更多的选择给读者。

因此，贝佐斯将 Cadabra 以地球上孕育最多种生物的亚马逊河重新命名，于 1995 年 7 月重新开张。该公司原于 1994 年在华盛顿州登记，1996 年时改到德拉瓦州登记，并在 1997 年 5 月 15 日时股票上市。代码是 AMZN，一股为 18 美元（截至 2012 年 10 月 12 日收市，股价为 242.36 美元）。

亚马逊公司的最初计划原本是在 4 到 5 年之后开始有营利，2000 年的网络泡沫中，亚马逊公司的平稳成长成为独树一帜的佳话，在 1990 年代有相当多网络公司快速成长，当时亚马逊公司的股东不停抱怨贝佐斯的经营策略太过保守和缓慢，而网络泡沫破灭的时候，那些快速成长的网络公司纷纷结束营业，只有亚马逊还有获利，2002 年的第四季度，亚马逊的纯利润约有 500 万美金，2004 年则成长到 3 亿多美金。

亚马逊在中国发展迅速，每年都保持了高速增长，用户数量也大幅增加，已拥有 28 大类、近 600 万种的产品。

2012 年 9 月 6 日，亚马逊在发布会上发布了新款 Kindle Fire 平板电脑，以及带屏幕背光功能的 Kindle Paperwhite 电子阅读器。

2013 年 3 月 18 日，亚马逊已经制作一系列大预算的电视剧集，这些剧集仅可通过互联网观看，原因是这家公司正在与 Netflix 展开"战争"，竞相利用人们对于在智能手机、平板电脑和互联网电视上观看电视节目的兴趣，以提升自身在流媒体播放服务这一领域中的占有率。

由于亚马逊提供的亚马逊云服务在 2013 年来的出色表现，著名 IT 开发杂志 *SD Times* 将其评选为 2013 SD Times 100，位于"API、库和框架"分类排名的第二名，"云方面"分类排名第一名，"极大影响力"分类排名第一名！

2014 年 5 月 5 日，推特与亚马逊联手，开放用户从旗下微网志服务的推文直接购物，以提升电子商务的方式保持会员黏度。

2014 年 8 月 13 日，亚马逊推出了自己的信用卡刷卡器 Amazon Local Register，进一步向线下市场扩张。

　　当前，我国正处在全球信息技术革命和互联网飞速发展的大潮之中，网民数量跃居世界第一。党中央高瞻远瞩，适时提出建设网络强国的战略，对各级党委政府强化互联网治理提出了新目标、新任务。随着中央网络安全和信息化领导小组的成立，国家层面互联网治理"一盘棋"的格局初步形成，政府网站、微博微信、舆情引导、网络安全、产业发展等互联网治理相关部门协同力度空前加大，以及时感知、主动回应、精准导控、科学服务为主要特征的互联网综合治理体系建设，将成为国家治理体系和治理能力现代化建设的重要内容。

　　过去十几年中，尽管各级党委政府高度重视互联网工作，政府主导建设的政务网站、政务微博微信、移动应用等取得了一定服务效果，各级领导干部也开始有意识地利用网络媒体开展宣传、沟通工作，但总体而言，多数领导对于互联网的应对模式还停留在"衙门"思维、"鸵鸟"思维和"管控"思维上。有的部门在开展互联网服务时，固守关注自身、以我为主的建设思维，缺乏针对互联网公众的主动服务意识。有的部门在互联网工作中缺乏"走出去"的开阔视野，甚至视互联网为洪水猛兽，既不善于也不愿意与互联网打交道。有的部门在重大舆情事件发生时，第一反应就是"封、堵、删"，以"息事宁人"为第一要务，与网民缺乏沟通，信息严重不透明，导致很多事件在互联网上持续发酵，最终酿成严重后果。这些问题出现的根源，是很多领导干部对于互联网世界的传播规律、话语体系和思维方式缺乏认识，仍然采用现实世界的方式来应对互联网世界的治理，造成了不适应时代潮流、无法贴近互联网公众的困境。

正如一百多年前我们对西方世界发展潮流盲目敌视、闭关锁国导致被动挨打一样，这种对互联网发展潮流的抵触或无视，也将造成我国各级政府互联网治理工作的长期被动，动摇互联网时代执政兴国的基石。为此，国家信息中心网络政府研究中心组织编写了《领导干部互联网知识读本》，试图用互联网式通俗、易懂的语言，向各级党员干部介绍互联网治理的新思维、新技术、新应用，让广大政府公务人员在思想上与互联网时代接轨，帮助各级政府切实转变互联网治理工作思路，坚持以群众需求为导向，主动顺应和利用互联网传播规律的深刻变革，不断提高政府网上公信力和舆论引导力，推动互联网背景下国家治理体系与治理能力现代化的进程。

由于编写组水平和能力有限，加之时间仓促，书中难免存在这样那样的不足，本着文责自负的原则，我们对书中可能出现的各种错误负完全责任。同时，本书在编写过程中引用了互联网上的大量素材和案例，如涉及版权问题，请及时与编写组联系。

本书编写组

2014 年 8 月

附：

中央领导人关于互联网的最近讲话

1. 习近平

把网上舆论工作作为宣传思想工作的重中之重来抓。

——8·19 重要讲话（2013）

把我国从网络大国建设成为网络强国。

网络安全和信息化是事关国家安全和国家发展、事关广大人民群众工作生活的重大战略问题，要从国际国内大势出发，总体布局，统筹各方，创新发展，努力把我国建设成为网络强国。

网络安全和信息化是一体之两翼、驱动之双轮，必须统一谋划、统一部署、统一推进、统一实施。

做好网络安全和信息化工作，要处理好安全和发展的关系，做到协调一致、齐头并进，以安全保发展、以发展促安全，努力建久安之势、成长治之业。

做好网上舆论工作是一项长期任务，要创新改进网上宣传，运用网络传播规律，弘扬主旋律，激发正能量，大力培育和践行社会主义核心价值观，把握好网上舆论引导的时、度、效，使网络空间清朗起来。

建设网络强国要有自己的技术。

网络信息是跨国界流动的，信息流引领技术流、资金流、人才流，信息资源日益成为重要生产要素和社会财富，信息掌握的多寡成为国家软实力和竞争力的重要标志。

没有网络安全就没有国家安全，没有信息化就没有现代化。

建设网络强国的战略部署要与"两个一百年"奋斗目标同步推进，向着网络基础设施基本普及、自主创新能力显著增强、信息经济全面发展、网络安全保障有力的目标不断前进。

要培养造就网络科技领军人才。

建设网络强国，要把人才资源汇聚起来，建设一支政治强、业务精、作风好的强大队伍。"千军易得，一将难求"，要培养造就世界水平的科学家、网络科技领军人才、卓越工程师、高水平创新团队。

——中央网络安全和信息化领导小组第一次会议

2. 李克强

各国要顺应全球新技术革命大趋势，加强相互交流，借鉴彼此经验，促进科技进步和人才培养，尤其是青年人才的培养，推动以绿色能源环保、互联网等为重要内容的"新经济"发展，占领未来发展制高点，提升产业和经济竞争力。

——2014 年博鳌亚洲论坛

促进互联网金融健康发展，完善金融监管协调机制。

要促进信息消费，实施"宽带中国"战略，加快发展第四代移动通信，推进城市百兆光纤工程和宽带乡村工程，大幅提高互联网网速，在全国推行"三网融合"，鼓励电子商务创新发展。维护网络安全。

——第十二届全国人大第二次会议

3. 俞正声

加强和完善互联网管理体制。

重要会议实现网络实况直播。

——第十二届全国人大第二次会议

4. 王岐山

没有群众支持，网站就没有生命力，要强化服务意识，及时发布权威信息，让群众了解党风廉政建设和反腐败工作新思路、新进展、新成效。

要积极主动应对和引导舆论，重要舆情要早发现、早报告、早处置。纪检监察干部要学网懂网用网，注重发挥专家学者作用，向群众解疑释惑，回应社会关切。

要把网站办出特色，确保严肃、准确、及时、权威，架起与群众沟通的桥梁。要与时俱进，创新宣传理念和方式方法，形成高音、中音、低音的和声，增强针对性和实效性。办好网站贵在时效，做到及时更新。要避免空洞说教，坚持辩证宣传，善于讲故事，用事实说话，用数据说话，打动群众心灵，提高感染力和说服力。

网站是前台，支撑在后台，纪检监察系统特别是部委机关都要参与和支持网站建设，形成合力。办好网站关键在人，要建设高素质的人才队伍，敢于探索创新，不断提高办网水平。

——2013年9月2日调研中央纪委监察部网站建设时强调

图书在版编目(CIP)数据

领导干部互联网知识读本 / 杜平等编著. —北京:
社会科学文献出版社,2014.11(2015.12重印)
(信息化与政府管理创新丛书)
ISBN 978-7-5097-5752-9

Ⅰ.①领⋯　Ⅱ.①杜⋯　Ⅲ.①互联网络-干部
教育-学习参考资料 ②电子政务-中国-干部教育-
学习参考资料　Ⅳ.①TP393.4 ②D630.2-39

中国版本图书馆CIP数据核字(2014)第044486号

·信息化与政府管理创新丛书·

领导干部互联网知识读本

编　　著 / 杜　平　于施洋　王建冬 等

出 版 人 / 谢寿光
项目统筹 / 邓泳红　桂　芳
责任编辑 / 桂　芳　高振华

出　　版 / 社会科学文献出版社·皮书出版分社(010)59367127
　　　　　　地址:北京市北三环中路甲29号院华龙大厦　邮编:100029
　　　　　　网址:www.ssap.com.cn
发　　行 / 市场营销中心(010)59367081　59367090
　　　　　　读者服务中心(010)59367028
印　　装 / 北京盛通印刷股份有限公司

规　　格 / 开　本:787mm×1092mm 1/16
　　　　　　印　张:16.25　字　数:202千字
版　　次 / 2014年11月第1版　2015年12月第2次印刷
书　　号 / ISBN 978-7-5097-5752-9
定　　价 / 49.00元